国家级实验教学示范中心建设成果
浙江大学农业与生物技术学院组织编写
高等院校实验实训系列规划教材

分子生物学实验

Experiments of Molecular Biology

主　编　吴建祥　李桂新
副主编　谢　艳　钱亚娟　刘小红

ZHEJIANG UNIVERSITY PRESS
浙江大学出版社

图书在版编目(CIP)数据

分子生物学实验/吴建祥,李桂新主编. —杭州:浙江大学出版社,2014.7(2021.7 重印)

ISBN 978-7-308-12284-9

Ⅰ.①分… Ⅱ.①吴… ②李… Ⅲ.①分子生物学—实验 Ⅳ.①Q7-33

中国版本图书馆 CIP 数据核字(2013)第 228139 号

分子生物学实验

吴建祥　李桂新　主编

丛书策划　阮海潮(ruanhc@zju.edu.cn)

责任编辑　阮海潮

封面设计　续设计

出版发行　浙江大学出版社

(杭州市天目山路 148 号　邮政编码 310007)

(网址:http://www.zjupress.com)

排　　版　杭州金旭广告有限公司

印　　刷　广东虎彩云印刷有限公司绍兴分公司

开　　本　787mm×1092mm　1/16

印　　张　8.25

字　　数　211 千

版 印 次　2014 年 7 月第 1 版　2021 年 7 月第 5 次印刷

书　　号　ISBN 978-7-308-12284-9

定　　价　20.00 元

序

浙江大学农业与生物技术学院有着百年发展历史。无论是在院系调整前的浙江大学农学院时期，还是在院系调整后的浙江农学院、浙江农业大学时期，无数前辈为农科教材的编写呕心沥血、勤奋耕耘，出版了大量脍炙人口、影响力大的精品。仅 1956 年，浙江农学院就有 13 门讲义被教育部指定为全国交流讲义；到 1962 年底，浙江农业大学有 16 种教材被列为全国试用教材；1978 年主编的 15 门教材被指定为全国高等农业院校统一教材，全校 40%的教师参加了教材的编写工作；1980—1998 年间，浙江农业大学共出版 61 部教材，其中 11 部教材为全国统编教材。这些教材的普及应用为浙江大学农科教学在全国农学领域树立声望奠定了坚实的基础。

1998 年，浙江农业大学回到浙江大学的大家庭，并由原来的农学系、园艺系、植物保护系、茶学系等合并组建了农业与生物技术学院，在新的浙江大学学科综合、人才会聚的背景下，农业学科的本科教学得到了进一步的发展。学院实施了“名师、名课、名书”工程，所有知名教授都走进了本科课程教学的讲堂；《遗传学》、《园艺产品储运学》、《植物保护学》、《环境生物学》、《生物入侵与生物安全》等 5 门课程被评为国家级精品课程，《生物统计学与试验设计》被评为国家级双语教学课程，《茶文化与茶健康》、《植物保护学》已被正式列入中国大学视频公开课；2000—2010 年间，学院共出版教材 39 部，《遗传学》等 9 部教材入选普通高等教育“十一五”国家级规划教材。学院非常重视本科实验教学，建院初期就将各系所的教学实验室进行整合，成立了实验教学中心，负责全院的实验教学工作。经过十多年建设，中心已于 2013 年正式被教育部命名为“农业生物学实验教学示范中心”。目前中心每年面向农学、园艺、植保、茶学、园林、应用生物科学等 10 多个专业开设 90 门实验课程，450 个实验项目。所有实验指导教师也都是来自科研一线的教师，其中具有正高职称的教师的比例接近一半，成为中心实验教学的一大亮点。

为了鼓励教师及时更新实践教学内容，将最新的学科发展融入教材，2012 年初学院组织各个学科的一线实验指导教师编写农业与生物技术实验指导丛书，并邀请了多位浙江大学的著名教授和浙江大学出版社的专家进行指导，力争出版的教材能很好地反映我院多年来的教学和科研成果，争取出精品、出名品。现在丛书的首批 10 部实验教材终于付梓出版了，在此我们感谢为该丛书编写和出版付出辛勤劳动的广大教师和出版社的工作人员，并恳请读者和教材使用单位对该丛书提出批评意见和建议，以便今后进一步改正和修订。

浙江大学农业与生物技术学院

2014 年 6 月 24 日

前　言

21 世纪是生命科学的世纪，一方面，生命科学的发展促进了新的分子生物学实验技术的诞生和老技术的不断完善，另一方面，新的分子生物学实验技术的诞生和老技术的不断完善推动了生命科学的快速发展。鉴于分子生物学实验技术是生命科学领域的专业基础学科和技术支撑，目前国内外已出版了多本相关书籍，对我国生物技术的研究工作起到了重要的指导作用。

由于分子生物学实验技术的发展日新月异，老技术得到了不断完善，新技术、新方法层出不穷，并渗透到生命科学的各个领域，所以有必要将这些新的最常用的知识汇编成册。鉴于此，我们编写了这本《分子生物学实验》。

本书全面系统地介绍了分子生物学实验的基本技术。书中除其他同类书籍已涉及的内容外，增加了新的章节，如小 RNA 的分离和 Northern blot 杂交技术、原核表达蛋白纯化技术等；在结构上，各章节独立成篇，又互相联系成为一个有机整体；写作上，语言精炼，文字力求深入浅出，循序渐进，通俗易懂；在编写过程中，作者充分结合自己的科研经验，以期扩大本书的实用性，使该书不但适合初学者使用，而且对具有多年研究工作的学者也不失其参考价值。

本书共 14 章，内容涉及质粒 DNA 的分离、纯化和鉴定，DNA 的琼脂糖凝胶电泳和 RNA 甲醛琼脂糖凝胶变性电泳，质粒 DNA 的限制性酶切鉴定、割胶回收与纯化，特异 DNA 片段与载体的连接反应，大肠杆菌感受态细胞的制备及连接产物的转化、鉴定，PCR 扩增技术，基因组 DNA 的提取，动植物总 RNA 的提取，RT-PCR 技术，蛋白质的 SDS-PAGE 电泳及 Western blot 分析，核酸杂交技术，RELP 和 RAPD 技术，基因的原核表达技术，酶联免疫吸附测定试验等。

本书可供生物技术、分子生物学、生物化学、生物物理学、微生物学、遗传学、医学及农业院校各专业的大学生、研究生、教师、科研人员及从事基因工程技术人员等作为分子生物学技术的教学用书和实验手册。

为了方便教学，提高教学质量，可浏览相关教学网站 http://www.zwx.zju.edu.cn，并提宝贵意见。

本教材的编写、出版得到浙江大学出版社高水平教材出版基金的资助。

限于编者的学术水平与编写经验，书中缺点和错误在所难免，恳求各位读者不吝指正，以期再版时予以修正和完善。

编者

2014 年 6 月于浙江大学

目　　录

第一章　质粒 DNA 的分离、纯化和鉴定 …… 1

第一节　概　述　/ 1
第二节　碱法提纯质粒 DNA　/ 4
一、设备　/ 4
二、材料　/ 5
三、试剂　/ 5
四、操作步骤　/ 6
五、注意事项　/ 6
第三节　Axygen 质粒提取试剂盒提纯质粒 DNA　/ 7
一、设备　/ 7
二、材料　/ 7
三、试剂　/ 7
四、操作步骤　/ 7
五、注意事项　/ 8
第四节　离心机的使用及注意事项　/ 8
一、离心机的使用步骤　/ 8
二、离心机使用的注意事项　/ 8

第二章　DNA 琼脂糖凝胶电泳和 RNA 甲醛琼脂糖凝胶变性电泳 …… 9

第一节　概　述　/ 9
第二节　DNA 的琼脂糖凝胶　/ 11
一、设备　/ 11
二、材料　/ 11
三、试剂　/ 11
四、操作步骤　/ 11
五、注意事项　/ 12
第三节　RNA 甲醛琼脂糖凝胶变性电泳　/ 12
一、设备　/ 13
二、材料　/ 13
三、试剂　/ 13
四、操作步骤　/ 13

五、注意事项 / 13

第三章 质粒 DNA 的限制性酶切鉴定、割胶回收与纯化 ………… 14

第一节 概 述 / 14
第二节 设备、材料及试剂 / 15
一、设备 / 15
二、材料 / 15
三、试剂 / 16
第三节 操作步骤 / 16
一、酶切反应 / 16
二、酶切产物的电泳分离和鉴定 / 16
三、酶切产物的割胶回收 / 16
四、注意事项 / 17

第四章 特异片段与载体的连接反应 ………… 19

第一节 概 述 / 19
一、带有非互补粘性末端 DNA 片段的连接 / 20
二、带有相同粘性末端 DNA 片段的连接 / 20
三、带有平末端 DNA 片段的连接 / 20
四、适当改造的 DNA 片段的连接 / 20
五、PCR 介导的 DNA 片段的连接 / 20
第二节 设备、材料及试剂 / 22
一、设备 / 22
二、材料 / 22
三、试剂 / 22
第三节 操作步骤 / 22
一、外源片段和 pMD18-T 载体的连接反应(10μl 体系) / 22
二、外源片段和质粒载体的连接反应(10μl 体系) / 22
三、注意事项 / 23

第五章 大肠杆菌感受态细胞的制备及连接产物的转化、鉴定 ………… 24

第一节 概 述 / 24
一、大肠杆菌感受态细胞的制备 / 24
二、影响细菌转化效率的因素 / 25
三、转化子的鉴定 / 25
第二节 设备、材料及试剂 / 26
一、设备 / 26
二、材料 / 26

三、试剂 / 26
第三节 操作步骤 / 26
一、感受态细胞的制备 / 26
二、连接产物的转化 / 27
三、转化子的鉴定 / 28

第六章 PCR扩增技术 …… 30

第一节 概 述 / 30
一、PCR技术的基本原理 / 30
二、参与PCR反应体系的因素及其作用 / 30
三、PCR反应参数 / 32
第二节 设备、材料及试剂 / 34
一、设备 / 34
二、材料 / 34
三、试剂 / 34
第三节 操作步骤 / 34
一、常规PCR反应 / 34
二、菌落PCR / 35
三、电泳 / 35
四、PCR产物的纯化 / 35
五、注意事项 / 36

第七章 基因组DNA的提取 …… 37

第一节 概 述 / 37
第二节 从植物组织提取基因组DNA / 37
一、设备 / 37
二、材料 / 38
三、试剂 / 38
四、操作步骤 / 38
五、注意事项 / 39
第三节 从动物组织提取基因组DNA / 40
一、设备 / 40
二、材料 / 40
三、试剂 / 40
四、操作步骤 / 40
第四节 细菌基因组DNA的制备 / 40
一、设备 / 40
二、材料 / 41

三、试剂 / 41
四、操作步骤 / 41
第五节 真菌基因组 DNA 提取 / 41
一、设备 / 41
二、材料 / 41
三、试剂 / 41
四、操作步骤 / 42
第六节 基因组 DNA 的纯度鉴定 / 42

第八章 动植物总 RNA 的提取 …… 43

第一节 概 述 / 43
第二节 设备、材料及试剂 / 44
一、设备 / 44
二、材料 / 44
三、试剂 / 44
第三节 实验操作 / 44
一、Trizol 法提取动植物总 RNA 的基本步骤 / 44
二、注意事项 / 44
三、如何处理 RNA 中的 DNA / 45
四、RNA 纯度鉴定 / 45

第九章 RT-PCR 技术 …… 46

第一节 概 述 / 46
第二节 两步法 RT-PCR / 47
一、设备 / 47
二、材料 / 47
三、试剂 / 47
四、操作步骤 / 47
五、注意事项 / 48

第十章 蛋白质的 SDS-PAGE 电泳及 Western blot 分析 …… 49

第一节 概 述 / 49
第二节 设备、材料及试剂 / 50
一、设备 / 50
二、材料 / 50
三、试剂 / 50
第三节 操作步骤 / 52
一、蛋白的 SDS-PAGE / 52

二、Western blot 技术　/ 53
三、快速银染检测 SDS-PAGE 胶中蛋白　/ 57

第十一章　核酸分子杂交技术 ………………………………………… 58

第一节　核酸探针标记的方法　/ 58
一、双链 DNA 探针及其标记方法　/ 58
二、单链 DNA 探针　/ 60
三、末端标记 DNA 探针　/ 63
四、寡核苷酸探针　/ 64
五、RNA 探针　/ 64
第二节　几种常见的核酸杂交　/ 66
一、Southern blot　/ 66
二、Northern blot　/ 70
三、Small RNA(小 RNA)Northern blot 杂交　/ 72
四、地高辛标记的 Southern blot 杂交　/ 74
第三节　杂交反应的条件及参数的优化　/ 76

第十二章　RFLP 和 RAPD 技术 ………………………………………… 77

第一节　概　述　/ 77
第二节　RFLP 技术　/ 78
一、设备　/ 78
二、材料　/ 78
三、试剂　/ 78
四、操作步骤　/ 78
第三节　RAPD 技术　/ 79
一、设备　/ 79
二、材料　/ 79
三、试剂　/ 79
四、操作步骤　/ 80
五、注意事项　/ 80

第十三章　蛋白的原核表达技术 ………………………………………… 81

第一节　概　述　/ 81
第二节　基因的诱导表达及表达产物的分析　/ 86
一、设备　/ 86
二、材料　/ 86
三、试剂　/ 86
四、操作步骤　/ 86

五、注意事项 / 87
第三节 6×His 融合蛋白的大量表达及 8M 尿素变性条件下用镍离子纯化蛋白 / 87
一、设备 / 87
二、材料 / 87
三、试剂 / 87
四、操作步骤 / 88
五、注意事项 / 88
第四节 镍离子在自然条件下纯化 6×His 融合蛋白 / 89
一、设备 / 89
二、材料 / 89
三、试剂 / 89
四、操作步骤 / 89
五、注意事项 / 90
第五节 GST 融合蛋白的表达及其亲和层析纯化 / 90
一、设备 / 90
二、材料 / 90
三、试剂 / 90
四、操作步骤 / 90
第六节 MBP 融合蛋白的表达及其亲和层析纯化 / 91
一、设备 / 91
二、材料 / 91
三、试剂 / 91
四、操作步骤 / 91

第十四章 酶联免疫吸附试验 …………………………………………………… 93

第一节 概 述 / 93
第二节 设备、材料及试剂 / 97
一、设备 / 97
二、材料 / 97
三、试剂 / 97
第三节 操作步骤 / 98
一、直接 ELISA 步骤 / 98
二、间接 ELISA 检测抗青霉素抗体效价或青霉素抗体 / 99
三、抗原包被 ELISA(ACP-ELISA)检测南方水稻黑条矮缩病毒(SRBSDV)的步骤 / 99
四、DAS-ELISA 测乙肝病毒步骤 / 100
五、TAS-ELISA 的步骤 / 100
六、酶标记抗原竞争 ELISA 测三聚氰胺的步骤 / 100
七、酶标记抗体竞争 ELISA 测青霉素 / 101

八、酶标记二抗竞争 ELISA 测氯霉素　/ 101
九、dot-ELISA 检测水稻中南方水稻黑条矮缩病毒(SRBSDV)的步骤　/ 101
十、dot-ELISA 检测灰飞虱中水稻黑条矮缩病毒(RBSDV)的步骤　/ 102

附　录 …… 104

附录 1　细菌、酵母及核酸的贮存 …… 104
一、细菌保存　/ 104
二、酵母贮存　/ 104
三、DNA 贮存　/ 105
四、RNA 贮存　/ 105
附录 2　常用试剂、溶液及缓冲液的配制 …… 105
一、基本要求　/ 105
二、浓酸和浓碱的浓度　/ 106
三、常用贮液与溶液　/ 106
四、电泳缓冲液、染料和凝胶加样液　/ 112
附录 3　常用培养基和抗生素的配制 …… 115
一、一般要求　/ 115
二、常用培养基　/ 116
三、常用抗生素　/ 117

参考文献 …… 118

第一章　质粒 DNA 的分离、纯化和鉴定

第一节　概　述

大多数 DNA 片段不具备自我复制和表达的能力，所以为了能够在寄主细胞中进行繁殖和表达，就必须将这种 DNA 片段连接到一种特定的具备自我复制和表达能力的 DNA 分子上，这种 DNA 分子称作载体(vector)，即把一个有用的目的 DNA 片段通过重组 DNA 技术，送进受体细胞中进行繁殖和表达的工具。目前，经常使用的载体主要有质粒载体、λ 噬菌体载体、粘粒载体和 M13 噬菌体载体等。以功能来分，载体可以分为克隆载体、表达载体、测序载体及在两个不同物种中均能存在的穿梭载体。目前常用载体有以下几种：

质粒(plasmid)是重组 DNA 技术中最常见的载体。质粒广泛存在于细菌中，是细菌染色体外具有自我复制能力的一种小分子环形双链 DNA 分子，大小从 1～200kb 不等，呈超螺旋状态存在于宿主细胞中，它能自由进出细菌细胞，当插入一段外来的 DNA 片段后，它依然能自我复制，因此，质粒是一种理想的载体。质粒主要发现于细菌、放线菌和真菌细胞中，它具有自主复制和转录的能力，能在子代细胞中保持恒定的拷贝数，并表达所携带的遗传信息。质粒的复制和转录主要依赖于宿主细胞编码的某些酶和蛋白质，如离开宿主细胞则不能存活，而宿主即使没有它们也可以正常存活。质粒的存在使宿主具有一些额外的特性，如对抗生素的抗性等。F 质粒(又称 F 因子或性质粒)、R 质粒(抗药性因子)和 Col 质粒(产大肠杆菌素因子)等都是常见的天然质粒。

根据质粒的复制方式不同分为两种类型：紧密控制型和松弛控制型。前者只在细胞周期的一定阶段进行复制，当染色体不复制时，它也不能复制，通常每个细胞内只含有 1 个或几个质粒分子，如 F 因子。后者在整个细胞周期中随时可以复制，在每个细胞中有许多拷贝，一般在 20 个以上，如 Col E1 质粒。在使用蛋白质合成抑制剂——氯霉素时，细胞内蛋白质合成、染色体 DNA 复制和细胞分裂均受到抑制，紧密型质粒复制停止，而松弛型质粒继续复制，质粒拷贝数可由原来的 20 多个扩增至 1000～3000 个，此时质粒 DNA 占总 DNA 的含量可由原来的 2%增加至 40%～50%。

质粒具有不相容性，即利用同一复制系统的不同质粒不能在同一宿主细胞中共同存在。当两种质粒同时导入同一细胞时，它们在复制及随后分配到子细胞的过程中彼此竞争，在一些细胞中，一种质粒占优势，而在另一些细胞中另一种质粒却占上风。当细胞生长几代后，占少数的质粒将会丢失，因而在细胞后代中只有两种质粒中的一种，这种现象称质粒的不相容性。而利用不同复制系统的质粒则可以稳定地共存于同一宿主细胞中。

质粒通常含有编码某些酶的基因，其表型包括对抗生素的抗性，产生某些抗生素，降解复杂有机物，产生大肠杆菌素和肠毒素及某些限制性内切酶与修饰酶等。应用的细菌质粒往往

携带一些抗药性基因，如抗氨苄青霉素基因、抗四环素基因等，这些基因通常称为标记基因，标记基因的存在给 DNA 克隆带来了很大的方便。通过在细菌培养基中加入一些抗生素，可以将含有重组质粒的细菌与其他细菌区分开来。

细菌内的天然质粒往往不能满足作为 DNA 克隆载体的要求，因此需要对其进行改造。例如某些细菌质粒太大，使拷贝数相应减少，不利于提高基因克隆的产量和纯度，也不便于对重组质粒进行酶切分析，因此需要去除一些复制非必需区段和不含选择性标记的区段，使它变小；某些质粒含有同一种限制性内切酶的许多酶切位点，这样，在用这种限制性内切酶进行酶切时，往往形成好几个片段，这就失去了作为克隆载体的价值，因此对于这类具有多切点的载体，需要加以人工改造，使其只保留一个切点等等。大多数质粒载体带有一些多用途的辅助序列，这些用途包括通过组织化学方法肉眼鉴定重组克隆、产生用于序列测定的单链 DNA、体外转录外源 DNA 序列、鉴定片段的插入方向、外源基因的大量表达等。常用的质粒载体大小一般在 1kb 至 10kb 之间，DNA 克隆常用的质粒载体主要有 pBR322、pUC、pEGM 系列和 pBluescript(简称 pBS)等，它们都是以天然质粒为材料人工构建而成的。

λ 噬菌体载体(λ phage)：用于基因文库和基因表达文库的构建，可容纳 20kb 的外源 DNA。质粒作为 DNA 克隆的载体具有快速、方便的特点，但是质粒能容纳外源 DNA 片段的长度一般不能长于 10kb，而 DNA 克隆实验中，克隆的目的基因片段长度常常超过 10kb，这样我们就要用到 λ 噬菌体载体。λ 噬菌体是一种感染大肠杆菌的双链 DNA 病毒，由头部和尾部两部分组成，很像一只小蝌蚪。λ 噬菌体中的 DNA 常称 λDNA，λDNA 大小约为 50kb，在 λ 噬菌体颗粒中它是以线状形式存在，线状分子两头的 5'端均为长 12 核苷酸的单链，这两段单链序列互补，成为天然的粘性末端(cohensive site，cos)，当 λ 噬菌体侵入大肠杆菌后，线状 DNA 分子借助粘性末端连接成环状分子。λ 噬菌体感染大肠杆菌后呈现两种类型的生长状态，即溶菌性生长状态和溶原性生长状态。溶菌性生长状态时，λDNA 在大肠杆菌内能进行独立的自我复制，并装配成大量成熟的 λ 噬菌体颗粒，结果导致大肠杆菌裂解；溶原性反应状态时，λ 噬菌体的生长周期中断，λDNA 整合至大肠杆菌的基因组 DNA 中，λDNA 不能独立进行复制，也不能形成新的 λ 噬菌体，被感染的大肠杆菌不会发生裂解。用 λ 噬菌体作基因克隆载体就是利用它的溶菌性生长特性。

天然的 λ 噬菌体并不符合作克隆载体的要求，因而需要对 λ 噬菌体进行改造。改造时将 λDNA 中间的核苷酸区段删掉，另外，需将 λDNA 中一些限制性核酸内切酶的多酶切位点改造为单酶切或双酶切位点。λ 噬菌体载体有两类，一类是替换型载体，另一类是插入型载体。

1. 替换型载体：这类载体的 DNA 具有一个限制性核酸内切酶的两个切点，两点间为非必需基因区，可以插入目的基因。由于 λ 噬菌体具有一个特殊性质，即只有 λDNA 的长度介于天然 λ 噬菌体 DNA 长度的 75%～105%时，才能被包装形成噬菌体颗粒，当用特定的限制性核酸内切酶切开 λDNA 后，目的基因可以连接于左右两臂之间，形成足够长度的 DNA 片段而被包装。相反，如果没有外源 DNA 的插入，由左右两臂直接融合起来的缺损基因，由于长度不足，不能被包装，从而提供了一个筛选重组 λDNA 的标记。λ 噬菌体载体的非必需 DNA 区段中，常插入一些标记基因，当此区段被外源 DNA 置换时，噬菌体的表型便发生改变，因此，根据噬菌体的表型也可以筛选重组体。替换型载体可以插入长度为 20kb 的外源 DNA。

2. 插入型载体：这类 λ 噬菌体 DNA 已经失去了非必需区，仅保留了 *Eco*R Ⅰ 的单一酶切位点，而且这个酶切位点又位于标记基因内，故在切开 λDNA 并插入外源基因后，标记基因失活，以此可以进行重组体的筛选。插入型载体可插入长度为 10kb 的外源 DNA。

M13 噬菌体载体：一种细丝状的大肠杆菌噬菌体，含单链环状 DNA 分子，长约 6.4kb。选择 M13 噬菌体作 DNA 克隆载体，是因为 M13 能直接克隆出单链 DNA 分子，这对目的基因的测序、诱变和制备探针非常有用。M13 噬菌体作克隆载体无需作大的改造，只需在其 DNA 分子中插入一个选择性标记基因，以后拟克隆的目的基因就插入在此标记基因内。用 M13 噬菌体进行基因克隆时，先需将其单链 DNA 复制成双链 DNA 分子，然后再将目的基因插入到双链 DNA 分子中，重组 DNA 分子进入大肠杆菌后，进入复制循环，产生只含一条 DNA 链的子代噬菌体颗粒。

粘粒载体(cosmid)是将 λ 噬菌体 DNA 中的粘性末端位点(cos 位点)引入质粒中形成的一种特殊的质粒载体。粘粒载体主要由 cos 位点、*E. coli* 复制起始位点和抗生素抗性基因三部分组成，兼有质粒和噬菌体的特性。λ 噬菌体颗粒能容纳 DNA 的最大范围是 38～52kb，由于 λ 噬菌体载体 DNA 本身长度为 28～30kb，故 λDNA 载体可克隆的最大外源 DNA 片段长度为 22kb。不过，后来人们发现，λDNA 被包装时的识别序列只是 cos 位点及其附近很小的一段区域，若将 λDNA 的这段区域(简称 cos 位点)插入到质粒载体中，则克隆的外源 DNA 片段可以加大。正是基于这种构想，1978 年柯林斯(Collins)和何恩(Hohn)等构建了粘粒载体。目前所用的粘粒载体一般为 6kb，故在粘粒中克隆的外源 DNA 的长度可达 32～45kb，约为 λ 噬菌体载体克隆长度(20kb)的两倍。

人工染色体(artificial chromosome)：天然染色体基本功能单位包括复制起始点、着丝粒和端粒。复制起始点保证了染色体复制，着丝粒保证了染色体分离，端粒封闭了染色体末端，防止黏附到其他断裂端，保证了染色体的稳定存在。人们为了克隆大片段 DNA，利用 DNA 体外重组技术分离了天然染色体的基本功能元件并将它们连接起来构建成克隆载体即人工染色体，其可容纳较大的外源基因。如细菌人工染色体(bacterial artificial chromosome，BAC)可容纳 300～350kb 的插入序列。酵母人工染色体(yeast artificial chromosome，YAC)可容纳大于 1Mb 的 DNA 片段。哺乳动物人工染色体(mammal artificial chromosome)是指从哺乳动物细胞中分离出染色体的复制起始区、端粒以及着丝粒构建而成的克隆载体。它可以克隆大于 1000kb 的外源 DNA 片段。

穿梭载体：具有真核细胞和细菌质粒序列，既能在真核细胞中复制繁殖、表达，也能在原核细胞中复制繁殖、表达。

酵母附加型质粒：可像质粒一样复制，还可整合进酵母染色体 DNA 中。

农杆菌 Ti 质粒：通过农杆菌介导将其左右边界间的基因整合入植物细胞的染色体中，其用于植物转基因。

动植物 DNA 病毒：如猪圆环病毒及植物双生病毒载体，分别用于基因在动植物细胞中的表达。

昆虫杆状病毒载体：用于基因在昆虫细胞表达。

哺乳动物病毒载体：如 SV40 及反转录病毒等用于动物细胞中的表达。

这些载体虽然在相对分子质量大小、结构、特性和用途上存在着较大的差异，但是作为载体，它们应该具有一些共同的特性：

1. 能在宿主细胞内进行独立和稳定的 DNA 自我复制。在其 DNA 中插入外源基因后，仍然保持着稳定的复制状态和遗传特性。

2. 为小的松弛型质粒，相对分子质量小，多拷贝，而且便于提取和纯化。

3. 质粒 DNA 的序列、结构和功能清楚，便于进行基因操作。

4. DNA 序列中含有多个单一的限制性核酸内切酶位点，这些内切酶位点集中在一个很小的区段，此区段称为多克隆位点(multiple cloning site，MCS)，在 MCS 插入外源基因后，不影响质粒自身的复制。

5. 插入了外源基因的重组质粒，易导入宿主菌内进行复制和表达。

6. 具有一个或几个标记基因，而且限制性内切酶的单一切点恰好在此标记基因内，由于插入外源基因，这个标记基因失活，从而便于筛选重组体，即具有容易操作的检测表型。

质粒 DNA 提纯的原理：从细菌中分离质粒 DNA 的方法一般包括 3 个基本步骤：培养细菌使质粒扩增，收集和裂解细胞，分离和纯化质粒 DNA。采用溶菌酶可以破坏菌体细胞壁，而十二烷基硫酸钠(SDS)和 Triton X-100可使细胞膜裂解。经溶菌酶和 SDS 或 Triton X-100 处理后，细菌染色体 DNA 会缠绕附着在细胞碎片上，同时由于细菌染色体 DNA 比质粒大得多，易受机械力和核酸酶等的作用而被切断成不同大小的线性片段。当用强热或酸、碱处理时，细菌的线性染色体 DNA 变性，而共价闭合环状质粒 DNA(covalently closed circular DNA，简称 cccDNA)的两条链不会相互分开，当外界条件恢复正常时，线状染色体 DNA 片段难以复性，而是与变性的蛋白质和细胞碎片缠绕在一起，经离心而沉淀，而质粒 DNA 双链又恢复原状，重新形成天然的超螺旋分子，并以溶解状态存在于液相中。

碱法提质粒的原理：用含 SDS 的碱性溶液即溶液Ⅱ裂解大肠杆菌细胞，变性蛋白质和染色体 DNA，然后用溶液Ⅲ中和提取液的 pH 以使质粒 DNA 双链又恢复原状，重新形成天然的超螺旋分子，并以溶解状态存在于液相中，而线状染色体 DNA 片段难以复性，并与变性的蛋白质和细胞碎片缠绕在一起而沉淀，在溶液中只剩下质粒 DNA 和 RNA。溶液中的 RNA 可用 RNA 酶 A 降解，从而使溶液中仅仅留下质粒 DNA。

在细菌细胞内，共价闭环质粒以超螺旋形式存在。在提取质粒过程中，除了超螺旋 DNA 外，还会产生其他形式的质粒 DNA。如果质粒 DNA 两条链中有一条链发生一处或多处断裂，分子就能解螺旋而消除链的张力，形成松弛型的环状分子，称开环 DNA(open circular DNA，简称 ocDNA)；如果质粒 DNA 的两条链在同一处断裂，则形成线状 DNA(linear DNA)。当提取的质粒 DNA 电泳时，同一质粒 DNA 其超螺旋形式的泳动速度要比开环和线状分子的泳动速度快。

试剂盒提质粒 DNA 的原理：目前市面上质粒提取试剂盒大多数都是采用传统的碱裂解法质粒提取原理，不同之处在于纯化方式，菌体加入溶液Ⅰ、Ⅱ、Ⅲ后离心，把上清加入到吸附柱子中，上清中的质粒 DNA 在高盐、低 pH 值状态下被柱子中的硅胶膜选择性吸附，而蛋白质不被吸附。再通过去蛋白液和漂洗液将杂质和其他细菌成分去除，最后用低盐、高 pH 值的洗脱缓冲液将纯净质粒 DNA 从硅胶膜上洗脱下来。

第二节　碱法提纯质粒 DNA

一、设备

移液器一套，台式高速离心机，恒温振荡摇床，高压蒸汽灭菌锅，涡旋振荡器，电泳仪，琼脂糖平板电泳装置，恒温水浴锅，凝胶成像系统。

二、材料

含 pGEM-T、pBS 等质粒的 *E. coli* DH5α 或 JM 系列大肠杆菌菌株，Eppendorf 离心管，离心管架，试管，平皿等

三、试剂

1. LB 液体培养基(Luria-Bertani)：10g 蛋白胨(Tryptone)，5g 酵母提取物(Yeast extract)，10g NaCl，溶于 950ml 去离子水中，用 1mol/L NaOH 溶液调 pH 至 7.5，加去离子水至总体积 1L，121℃ 20min 高压蒸汽灭菌。

2. LB 固体培养基：液体培养基中每升加 12g 琼脂粉，高压灭菌。

3. 氨苄青霉素(AMP)母液：配成 50mg/ml 水溶液，－20℃保存备用。

4. 3mol/L NaAc(pH 5.2)：50ml 水中溶解 40.81g NaAc · 3H_2O，用冰醋酸调 pH 至 5.2，加水定容至 100ml，高压灭菌后储存于 4℃冰箱。

5. 0.5mol/L EDTA(pH 8.0)：186.1g EDTA · 2H_2O 加入 800ml 蒸馏水中，磁力搅拌器强力搅拌，用氢氧化钠(约 20g)调 pH 至 8.0，定容至 1L，高压灭菌。注：EDTA 二钠盐只有当溶液 pH 用氢氧化钠调至 8.0 左右时才能溶解。

6. 1mol/L Tris · Cl(pH 8.0)：在 800ml 蒸馏水中溶解 121.91g Tris 碱[三(羟甲基)氨基甲烷]，溶液冷至室温后方可用浓盐酸调 pH 至 8.0，加水定容至 1L，分装后高压灭菌。

7. 10% SDS(十二烷基硫酸钠)：在 90ml 蒸馏水中溶解 10g SDS，加热至 68℃助溶，加入几滴浓盐酸调节 pH 至 7.2，加水定容至 100ml。

注：10% SDS 无须高压灭菌，SDS 有毒，且微细晶粒易于扩散，故称量时要戴口罩，称量完后要清除在称量工作区和天平上的 SDS。

8. 溶液Ⅰ：50mmol/L 葡萄糖，25mmol/L Tris · Cl(pH 8.0)，10mmol/L EDTA(pH 8.0)，高压灭菌。

9. 溶液Ⅱ：0.2mol/L NaOH(临用前用 10mol/L NaOH 母液稀释)，1% SDS(用 10%的 SDS 母液稀释)，不用高压灭菌，室温保存。

10. 溶液Ⅲ：5mol/L KAc 60ml，冰醋酸 11.5ml，H_2O 28.5ml，定容至 100ml，高压灭菌。

11. RNA 酶 A 母液：将 RNA 酶 A 溶于 10mmol/L Tris · Cl(pH 7.5)，15mmol/L NaCl 溶液中，配成 10mg/ml 的溶液，于 100℃加热 15min，使混有的 DNA 酶失活。冷却后用 1.5ml Eppendorf 管分装成小份保存于－20℃。

12. 饱和酚：市售酚中含有醌等氧化物，这些产物可引起磷酸二酯键的断裂并导致 RNA 和 DNA 的交联，应在 160℃用冷凝管进行重蒸。重蒸酚加入 0.1%的 8-羟基喹啉(作为抗氧化剂)，并用等体积的 0.5mol/L Tris · Cl(pH 8.0)和 0.1mol/L Tris · Cl(pH 8.0)缓冲液反复抽提使之平衡并使其 pH 值达到 7.6 以上，因为酸性条件下 DNA 会分配于有机相，上面加一层 10mmol/L Tris · Cl(pH 7.6)存放于棕色瓶于 4℃保存。目前有商品化产品。

13. 酚/氯仿/异戊醇：按酚：氯仿：异戊醇＝25：24：1 体积比混合即可。氯仿可使蛋白变性并有助于液相与有机相的分开，异戊醇则可消除抽提过程中出现的泡沫。存放于棕色瓶于 4℃保存。酚和氯仿均有很强的腐蚀性，操作时应戴手套。

14. TE 缓冲液:10mmol/L Tris · Cl(pH 8.0),1mmol/L EDTA(pH 8.0),配成 100ml。高压灭菌后储存于 4℃冰箱中,该缓冲液是用于贮存 DNA 的常用溶液。溶液中含有 Tris · HCl 以缓冲溶液酸碱度(通常为 pH 8),含有低浓度的 EDTA 用来螯合 Mg^{2+} 以保护 DNA 免受核酸酶降解,因为大多数核酸酶工作时都需要 Mg^{2+}。

15. 其他试剂:乙醇、异戊醇、EDTA、Tris、HCl、NaCl、SDS、HAc、NaOH 为国产分析纯产品。

四、操作步骤

1. 细菌的培养:将含有质粒 pGEM-T 的 DH5α 菌种接种在 LB 固体培养基(含 50μg/ml Amp)中,37℃培养 12～24h。用无菌牙签挑取单菌落接种到 5ml LB 液体培养基(含 50μg/ml Amp)中,37℃振荡培养约 12h 至对数生长后期。

2. 取 1.5ml 细菌培养液倒入 1.5ml Eppendorf 离心管中,4℃下 12000r/min 离心 30s。

3. 弃上清,将管倒置于卫生纸上数分钟,使液体流尽(可重复 2 和 3 步骤 2～3 次)。

4. 菌体沉淀重悬浮于 100μl 溶液Ⅰ中(需剧烈振荡),室温下放置 5～10min。

5. 加入新配制的溶液Ⅱ 200μl,盖紧管口,快速温和颠倒 Eppendorf 离心管数次,以混匀内容物(千万不要振荡),冰浴 5min。

6. 加入 150μl 冰上预冷的溶液Ⅲ,盖紧管口,并倒置离心管,温和振荡 10s,使沉淀混匀,冰浴 5～10min,4℃下 12000r/min 离心 5～10min。

7. 上清液移入新的干净 Eppendorf 离心管中,加入等体积的酚/氯仿(1∶1),振荡混匀,4℃下 12000r/min 离心 5min。

8. 将水相移入干净离心管中,加入 2 倍体积的无水乙醇和 1/10 体积的 3mol/L 醋酸钠(pH 5.2),上下颠倒混匀后置于−20℃冰箱中 20min,然后 4℃下 12000r/min 离心 10min。

9. 弃上清后将管口敞开倒置于卫生纸上使所有液体流出,加入 1ml 70%乙醇洗沉淀一次,4℃下 12000r/min 离心 5～10min。

10. 吸除上清液,将管倒置于卫生纸上使液体流尽,真空干燥 10min 或室温干燥。

11. 将沉淀溶于 20μl TE 缓冲液(pH 8.0,含 20μg/ml RNase A)中,保存于−20℃以下冰箱中。

12. DNA 的浓度及纯度测定,采用紫外分光光度仪测定法。

DNA 浓度测定:

$$[\text{dsDNA}](\mu g/ml)=50\times(OD_{260}-OD_{310})\times\text{稀释倍数}$$

DNA 纯度测定:

$OD_{260}/OD_{280}\approx 1.8$,说明较纯。

$OD_{260}/OD_{280}>1.8$,说明可能有 RNA 污染。

$OD_{260}/OD_{280}<1.8$,说明可能有蛋白质污染。

五、注意事项

1. 提取过程应尽量保持低温。

2. 提取质粒 DNA 过程中除去蛋白很重要,采用酚/氯仿去除蛋白效果较单独用酚或氯仿好,要将蛋白尽量除干净需多次抽提。

3.沉淀 DNA 通常使用冰乙醇，在低温条件下放置时间稍长可使 DNA 沉淀完全。沉淀 DNA 也可用异丙醇(一般使用等体积)，且沉淀完全，速度快，但常把盐沉淀下来，所以多数还是选用乙醇。

第三节　Axygen 质粒提取试剂盒提纯质粒 DNA

一、设备

移液器一套，台式高速离心机，恒温振荡摇床，高压蒸汽灭菌锅，涡旋振荡器，电泳仪，琼脂糖平板电泳装置，恒温水浴锅，凝胶成像系统等。

二、材料

含 pGEM-T、pBS 等质粒的 *E. coli* DH5α 或 JM 系列大肠杆菌菌株，1.5ml Eppendorf 离心管，离心管架，试管，平皿等

三、试剂

1. LB 液体培养基。
2. LB 固体培养基。
3. 氨苄青霉素母液。
4. Axygen 质粒提取试剂盒。

四、操作步骤

1.收集 1～4ml 在 LB 培养基中培养过夜的菌液，12000r/min 离心 30s，弃尽上清；用 250μl 已加入 RNaseA Ⅰ 的 Buffer S1 充分悬浮细菌沉淀。

2.加入 250μl Buffer S2，温和但充分地上下翻转混合 4～6 次使菌体充分裂解，直至形成透亮的溶液。

3.加入 350μl Buffer S3，立即轻轻颠倒混匀，此时可见白色絮状沉淀出现，室温静置 2min，12000r/min 离心 10min。

4.上清移至 DNA-prep Tube 柱中，12000r/min 离心 1min，弃滤液。

5.用 500μl Buffer W1 洗柱，12000r/min 离心 1min，弃滤液。

6.用 700μl 已加无水乙醇的 Buffer W2 洗柱，12000r/min 离心 1min，弃滤液，用同样的方法再用 700μl Buffer W2 洗涤一次。

7.将 DNA-prep Tube 置于 1.5ml Eppendorf 离心管中，12000r/min 离心 1min，以彻底去除 Buffer W2。

8.将 DNA-prep Tube 置于另一洁净的 1.5ml Eppendorf 离心管中，在制备膜中央加 60～80μl Eluent 以溶解柱中质粒 DNA，室温静置 1min，12000r/min 离心 1min，收集离心液即为质粒 DNA 溶液，保存于－20℃以下冰箱中。

五、注意事项

Buffer S2、Buffer S3 和 Buffer W1 含刺激性化合物，操作时要戴手套，避免沾染皮肤、眼睛和衣服，谨防吸入口鼻。若沾染皮肤、眼睛，要立即用大量清水或生理盐水冲洗，必要时寻求医疗咨询。

第四节　离心机的使用及注意事项

一、离心机的使用步骤

1. 打开离心机电源开关，进入待机状态。

2. 选择合适的转头（本机有与 1.5ml 离心管和 0.2ml 离心管配套的专用转头），离心时离心管所盛液体不能太满，否则液体易于溢出；使用前后应注意转头内有无漏出液体残余，应使之保持干燥。转换转头时应注意使离心机转轴和转头的卡口卡牢。

3. 选择离心参数：

(1)按速度设置按钮，用数字键设置离心速度，转头最大离心速度不能超过最大允许转速。

(2)按时间设置按钮，再用数字键设置离心时间。

(3)设定使用温度，通常为 4℃。

4. 将平衡好的离心管对称放入转头内，盖好转头盖子并拧紧螺丝。

5. 按下离心机盖门，如盖门未盖牢，离心机将不能启动。

6. 按运行键，开始离心，离心开始后（特别是高速离心时）应等离心速度达到所设的速度时才能离开，一旦发现离心机有异常（如不平衡、盖子未盖而导致机器明显震动，或噪声很大），应立即按停止键，必要时直接按电源开关切断电源，停止继续离心，并找出原因。

7. 使用结束后请清洁转头和离心机腔，不要关闭离心机盖，利于湿气蒸发。

8. 使用结束后必须登记，注明使用情况。

二、离心机使用的注意事项

1. 离心管一定要平衡好，离心管必须对称放入套管中，若只有一支样品管时另外一支要用等质量的水代替。

2. 绝对不要超过离心机或转子的最高限转速。

3. 一定要在达到预设转速后，才能离开离心机；若电动离心机有噪声或机身振动等任何异状时，应立即切断电源停机，即时排除故障。

4. 通常听声音即可得知离心状况是否正常，也可注意离心机的震动情形。

5. 启动离心机时，应盖上离心机顶盖后方可启动。

6. 在离心机停止转动后方可打开离心机盖，取出样品，不可用外力强制其停止运动。

第二章　DNA 琼脂糖凝胶电泳和 RNA 甲醛琼脂糖凝胶变性电泳

第一节　概　述

带电物质在电场中向相反电极移动的现象称电泳。凝胶电泳有两大类型:琼脂糖凝胶电泳(分 DNA 琼脂糖凝胶电泳和 RNA 琼脂糖甲醛变性凝胶电泳)和聚丙烯酰胺凝胶电泳。

琼脂糖和聚丙烯酰胺可以制成各种形状、大小和孔隙度,在 DNA 制备电泳中均可作为固体支持介质。琼脂糖凝胶分离 DNA 片段大小范围较广,不同浓度琼脂糖凝胶可分离长度从 200bp 至近 50kb 的 DNA 片段。琼脂糖通常用水平装置在强度和方向恒定的电场下电泳。聚丙烯酰胺分离小片段 DNA(5～500bp)效果较好,其分辨率极高,甚至相差 1bp 的 DNA 片段也能分开。聚丙烯酰胺凝胶电泳很快,可容纳相对大量的 DNA,但制备和操作比琼脂糖凝胶困难。目前,一般实验室多用琼脂糖水平平板凝胶电泳装置进行 DNA 电泳。

琼脂糖凝胶电泳是分离、纯化、鉴定 DNA 片段的典型方法,具有所需设备低廉、操作简便、快速等优点。在凝胶中加入少量荧光嵌入染料溴化乙锭,其分子可插入 DNA 的碱基之间,形成一种光络合物,在 254～365nm 波长紫外光照射下,呈现橘红色的荧光,因此可对分离的 DNA 进行检测,可以检出 1～10ng 的 DNA 条带,在紫外灯下可观察到核酸片段所在的位置。此外,还可以从电泳后的凝胶中回收特定的 DNA 条带,用于以后的克隆操作。

DNA 片段琼脂糖凝胶电泳的原理与蛋白质的电泳原理基本相同,DNA 分子在高于其等电点的 pH 溶液中带负电荷,在 pH 值为 8.0～8.3 时,核酸分子中碱基几乎不解离,而磷酸全部解离,核酸分子带负电,在电场中向正极移动。DNA 分子在电场中通过介质而泳动,除电荷效应外,凝胶介质还有分子筛效应,与分子大小及构像有关,从而达到分离核酸片段检测其大小的目的。对于线形 DNA 分子,其电场中的迁移率与其相对分子质量的对数值成反比。电泳时以溴酚蓝及二甲苯氰(蓝)作为双色电泳指示剂。其目的有:①增大样品密度,确保 DNA 均匀进入样品孔内;②使样品呈现颜色,了解样品泳动情况,使操作更为便利;③以 0.5×TBE 做电泳液时溴酚蓝的泳动率约与长为 300bp 的双链 DNA 相同,二甲苯氰(蓝)则与 2000bp 的 DNA 相同。

琼脂糖是从海藻中提取的一种长链状多聚物,当琼脂糖加热至 90℃左右,即可形成清亮、透明的液体,灌注在特定的模板上经冷却、固化形成凝胶。把琼脂糖凝胶置于电场中,在碱性条件下带负电荷的 DNA 向阳极移动,当 DNA 长度增加时,来自电场的驱动与阻力之间的比例就会下降,不同长度的 DNA 片段就会表现出不同的迁移率,因此可根据 DNA 分子的大小使其分离。琼脂糖凝胶电泳可区分相差 100bp 的 DNA 片段。

琼脂糖主要在 DNA 制备电泳中作为一种固体支持基质,其密度取决于琼脂糖的浓度。

在电场中，在中性 pH 值下带负电荷的 DNA 向阳极迁移，其迁移率由下列多种因素决定：

1. DNA 的分子大小：线状双链 DNA 分子在一定浓度琼脂糖凝胶中的迁移率与 DNA 相对分子质量的对数成反比，分子越大则所受阻力越大，也越难于在凝胶孔隙中蠕行，因而迁移得越慢。

2. 琼脂糖浓度：一个给定大小的线状 DNA 分子，其迁移率在不同浓度的琼脂糖凝胶中各不相同。DNA 电泳迁移率的对数与凝胶浓度成线性关系。DNA 电泳迁移率(M)的对数和凝胶浓度(T)之间的线性关系可按下述方程式表示：

$$\lg M = \lg M_0 - K_r T$$

式中：M_0 是自由电泳迁移率，K_r 是滞留系数，这是与凝胶性质、迁移分子大小和形状有关的常数。

因此，要有效地分离不同大小的 DNA 片段，选用适当的琼脂糖凝胶浓度是非常重要的。凝胶浓度的选择取决于 DNA 分子的大小(表 2-1)，分离小于 0.5kb 的 DNA 片段所需胶浓度是 1.2%～1.5%，分离大于 10kb 的 DNA 分子所需胶浓度为 0.3%～0.7%，DNA 片段大小介于两者之间则所需胶浓度为 0.8%～1.0%。

表 2-1　线状 DNA 片段分离的有效范围与琼脂糖凝胶浓度的关系

琼脂糖凝胶的百分浓度(%)	分离线状 DNA 分子的有效范围(kb)
0.3	60～5
0.6	20～1
0.7	10～0.8
0.9	7～0.5
1.2	6～0.4
1.5	4～0.2
2.0	3～0.1

3. DNA 分子的构象：当 DNA 分子处于不同构象时，它在电场中移动距离不仅和相对分子质量有关，还和它本身构象有关。相同相对分子质量的线状、开环和超螺旋 DNA 在琼脂糖凝胶中的移动速率是不一样的，超螺旋 DNA 移动最快，而开环双链 DNA 移动最慢。如在电泳鉴定质粒纯度时发现凝胶上有数条 DNA 条带难以确定是质粒 DNA 不同构象引起还是因为含有其他 DNA 引起时，可从琼脂糖凝胶上将 DNA 条带逐个回收，用同一种限制性内切酶分别水解，然后电泳，如在凝胶上出现相同的 DNA 图谱，则为同一种 DNA。

4. 电源电压：在低电压时，线状 DNA 片段的迁移率与所加电压成正比。但是随着电场强度的增加，不同相对分子质量的 DNA 片段的迁移率将以不同的幅度增长，片段越大，因场强升高引起的迁移率升高幅度也越大，因此电压增加，琼脂糖凝胶的有效分离范围将缩小。要使大于 2kb 的 DNA 片段的分辨率达到最大，所加电压不得超过 5V/cm。

5. 嵌入染料的存在：荧光染料溴化乙锭用于检测琼脂糖凝胶中的 DNA，染料会嵌入到堆积的碱基对之间并拉长线状和带缺口的环状 DNA，使其刚性更强，还会使线状 DNA 迁移率降低 15%。因此，如果需要精确确定 DNA 的相对分子质量，电泳过程中不应加溴化乙锭，待电泳结束后再放置在 0.5μg/ml 的溴化乙锭溶液中染色 5～10min。

其他染料如 SYBR Gold、Goldview、SYBR Gold、GelRed、Gelgreen 等，各有优缺点，可以根据实验所需做正确的选择。

6. 离子强度影响：电泳缓冲液的组成及其离子强度影响 DNA 的电泳迁移率。在没有离子存在时(如误用蒸馏水配制凝胶)，电导率最小，DNA 几乎不移动，在高离子强度的缓冲液中(如误加 10×电泳缓冲液)，则电导很高并明显产热，严重时会引起凝胶熔化或 DNA 变性。

对于天然的双链 DNA，常用的几种电泳缓冲液有 TAE[含 EDTA(pH 8.0)和 Tris-乙酸]，TBE(Tris-硼酸和 EDTA)，TPE(Tris-磷酸和 EDTA)，一般配制成 10×浓缩母液，储于室温。电泳，有时以溴酚蓝及二甲苯氰作为双色电泳指示剂，其目的是：①增大样品密度，确保 DNA 均匀进入样品孔内；②使样品呈现颜色，了解样品泳动情况，使操作更为便利；③以 0.5×TBE 做电泳液跑 1%的胶时溴酚蓝的泳动率约与长 300bp 的双链 DNA 相同，二甲苯氰则与 2kbp 的 DNA 相同。

第二节　DNA 的琼脂糖凝胶

一、设备

凝胶制样器，电泳仪，微量移液枪，微波炉，凝胶成像系统等。

二、材料

DNA Marker、重组 pET 质粒、琼脂糖。

三、试剂

1. 5×TBE 电泳缓冲液：称取 Tris 54g，硼酸 27.5g，并加入 0.5mol/L EDTA(pH 8.0) 20ml，定容至 1000ml。

2. 6×电泳载样缓冲液：0.25%溴酚蓝，40%(W/V)蔗糖水溶液，贮存于 4℃。

3. 溴化乙锭(EB)溶液母液：将 EB 配制成 10mg/ml，用铝箔或黑纸包裹容器，储于室温即可。

四、操作步骤

1. 稀释缓冲液的制备：取 5×TBE 缓冲液 5ml 加水至 50ml，配制成 0.5×TBE 稀释缓冲液。

2. 胶液制备：称取适量琼脂糖(如 0.4g)，置于 250ml 三角烧瓶中，加入 0.5×TBE 稀释缓冲液(如 50ml)，盖上封口膜，放入微波炉加热，不时摇动，至琼脂糖全部熔化，取出摇匀，即为琼脂糖胶液(浓度为 0.8%)。

注：分离小于 0.5kb 的 DNA 片段所需凝胶浓度为 1.2%～1.5%，分离大于 10kb 的 DNA 片段所需凝胶浓度为 0.3%～0.7%，DNA 片段大小在两者之间，则所需凝胶浓度为 0.8%～1.0%。

3.胶板的制备：

(1)将有机玻璃胶槽置于水平支持物上，插上样品梳子，注意观察梳子齿下缘应与胶槽底面保持1mm左右的间隙。

(2)向冷却至50～60℃的琼脂糖胶液中加入溴化乙锭(EB)溶液使其终浓度为0.5μg/ml(也可不把EB加入凝胶中，而是电泳后再用0.5μg/ml的EB溶液浸泡染色)。

(3)缓慢地将琼脂糖胶液注入一个带有“梳子”的胶床中。胶液温度不能太低，要避免产生气泡，若有气泡产生，可用移液器移去。

(4)根据胶的大小让胶凝固20～60min(此时可准备DNA样品)。

(5)待胶凝固之后，轻轻移去梳子，注意不要损伤梳底部的凝胶。将胶床放在电泳槽内，加样孔一侧靠近阴极(黑端)，向槽内加入0.5×TBE稀释缓冲液至液面恰好没过胶板上表面。因边缘效应使样品槽附近会有一些隆起，阻碍缓冲液进入样品槽中，所以要注意保证样品槽中注满缓冲液，通常缓冲液高于胶面0.5～1cm。

4.制样：取2～5μl DNA与2μl 6×上样液混匀。

5.加样：移液器与加样孔垂直，使移液器尖端刚好在加样孔开口之下，缓慢将DNA样品加入加样孔中。

6.电泳：加完样后，合上盖，连接电源(黑—阴极，红—阳极)。设定电压为80V。当溴酚蓝条带移动到距凝胶前沿约2cm时停止电泳。

7.观察与拍照：在波长为254nm的长波长紫外灯下观察染色后的或已加有EB的电泳胶板。DNA存在处显示出肉眼可辨的橘红色荧光条带。紫外光灯下观察时应戴上防护眼镜或有机玻璃面罩，以免损伤眼睛。拍照保存图像。

五、注意事项

1.电泳指示剂：核酸电泳常用的指示剂有两种：呈蓝紫色的溴酚蓝和呈蓝色的二甲苯氰，二甲苯氰携带的电荷量比溴酚蓝少，在凝胶中的迁移率比溴酚蓝慢。

2.观察DNA离不开紫外透射仪，可是紫外光对DNA分子有切割作用。从胶上回收DNA时，应尽量缩短光照时间并采用长波长紫外灯(300～360nm)，以减少紫外光切割DNA。

3.EB是强诱变剂并有中等毒性，配制和使用时都应戴手套，并且不要把EB洒到桌面或地面上。凡是沾污了EB的容器或物品必须经专门处理后才能清洗或丢弃。

4.当EB太多、胶染色过深、DNA条带看不清时，可将胶放入蒸馏水冲泡，30min后再观察。

第三节 RNA甲醛琼脂糖凝胶变性电泳

RNA电泳可以判断提取物的完整性，可以在变性及非变性两种条件下进行。非变性电泳使用1.0%～1.4%的凝胶，不同的RNA条带也能分开，但无法判断其相对分子质量。只有在完全变性的条件下，RNA的泳动率才与相对分子质量的对数呈线性关系。因此要测定RNA相对分子质量时，一定要用变性凝胶。在需快速检测所提总RNA样品完整性时，配制普通的1%琼脂糖凝胶即可。完整的未降解的RNA制品的电泳图谱应该可以清晰看到18S rRNA、28S rRNA、5S rRNA的三条带，且28S rRNA的亮度应为18S rRNA的两倍。

一、设备

凝胶制样器，电泳仪，微量移液枪，微波炉，凝胶成像系统。

二、材料

总RNA提取物。

三、试剂

1. 0.1%(V/V)DEPC水：200ml双蒸去离子水加0.2ml DEPC(焦炭酸二乙酯)，充分搅拌混匀，室温放置过夜，高压灭菌。

2. 10×MOPS缓冲液：称取MOPS 20.93g，乙酸钠3.4g，EDTA 1.86g，加DEPC水至500ml，用NaOH调pH至7.0，黑暗保存。

3. 50ml变性琼脂糖凝胶：琼脂糖0.5g，DEPC水36ml，加热至沸腾(中间摇一下)，冷却到50～60℃，然后依次加入：37%甲醛9ml，10×MOPS缓冲液5ml，EB(10mg/ml)0.5μl。

4. 上样缓冲液：饱和溴酚蓝16μl，0.5mol/L EDTA(pH 8.0)80μl，37%甲醛720μl，100%甘油2ml，甲酰胺3084μl，10×MOPS缓冲液4ml，加去离子水至10ml。

四、操作步骤

1. 电泳槽、制胶用具的清洗：去污剂洗干净(一般浸泡过夜)，水冲洗后用3% H_2O_2 灌满电泳槽，室温放置30min，用0.1%(V/V)DEPC水彻底冲洗干净，晾干备用。

2. 制胶：称取0.5g琼脂糖粉末，加入放有36.5ml DEPC水的锥形瓶中，加热使琼脂糖完全溶解。稍冷却后加入5ml 10×电泳缓冲液、8.5ml甲醛。然后在胶槽中灌制凝胶，插好梳子，水平放置待凝固后使用。

3. 上样：取10～20μg RNA，以RNA与上样缓冲液4∶1的比例混合后，70℃水浴变性10min，立即冰浴3～5min，上样到已预电泳5～15min的胶上。

4. 电泳：打开电泳仪，稳压电泳。电压5V/cm，小槽50～60V，大槽80～100V。电泳至溴酚蓝迁出凝胶2/3处时电泳结束。

5. 电泳结束后通过紫外透视仪观察。

6. 结果分析：一般取样品1μl电泳检测RNA完整性(28S带应为18S带的2倍亮度)。电泳主要是检测28S和18S条带的完整性和它们的比值，一般地，如果28S和18S条带明亮、清晰、条带锐利(指条带的边缘清晰)，并且28S的亮度在18S条带的2倍以上，我们认为RNA的质量是好，1∶1对大部分实验也是可以接受的。

五、注意事项

1. 本实验中必须防止RNase污染，以免RNA降解，所有试剂需用DEPC水配制，用具也需用DEPC水冲洗，并灭菌。

2. RNA的非变性琼脂糖凝胶电泳与DNA的操作相同。

第三章　质粒 DNA 的限制性酶切鉴定、割胶回收与纯化

第一节　概　述

限制性内切酶能特异地结合于一段被称为限制性酶识别序列的 DNA 序列之内或其附近的特异位点上，并切割双链 DNA。限制性内切酶作用于磷酸二酯键，使双链 DNA 中两条单链上的 3’,5’-磷酸二酯键断裂，是基因工程的第一步获取目的基因所必须用的酶。

限制性内切酶可分为三类：Ⅰ类和Ⅲ类酶在同一蛋白质分子中兼有切割和修饰（甲基化）作用且依赖于 ATP 的存在。Ⅰ类酶结合于识别位点并随机切割识别位点不远处的 DNA，而Ⅲ类酶在识别位点上切割 DNA 分子，然后从底物上解离。

Ⅱ类酶由两种酶组成：一种就是通常指的限制性内切酶，它切割某一特异的核苷酸序列；另一种为独立的甲基化酶，它修饰同一识别序列。Ⅱ类酶中的限制性内切酶在分子克隆中得到了广泛应用，它们是重组 DNA 的基础，绝大多数能识别长度为 4 至 6 个核苷酸的回文对称特异核苷酸序列（如 *Eco*RⅠ识别六个核苷酸序列：5’-G↓AATTC-3’），有少数酶识别更长的序列或简并序列。Ⅱ类酶切割位点在识别序列中，有的在对称轴处切割，产生平末端的 DNA 片段（如 *Sma*Ⅰ：5’-CCC↓GGG-3’）；有的切割位点在对称轴一侧，产生带有单链突出末端的 DNA 片段称粘性末端，如 *Eco*RⅠ切割识别序列后产生两个互补的粘性末端：

5’…G↓AATTC…3’→5’…G AATTC…3’
3’…CTTAA↑G…5’→3’…CTTAA G…5’

限制性内切酶对于 DNA 底物的酶解是否完全与正确，直接关系到 DNA 连接、基因克隆、分子筛选和鉴定等实验结果。而酶切体系的建立是其中的一个关键步骤，它所涉及的各种因素都必须引起足够的注意。大部分限制性内切酶不受 RNA 或单链 DNA 的影响。当微量的污染物进入限制性内切酶贮存液中时，会影响其进一步使用，因此在吸取限制性内切酶时，每次都要用新的吸管头。

DNA 纯度、缓冲液、温度条件及限制性内切酶本身都会影响限制性内切酶的活性：①DNA纯度。在 DNA 样品中若含有蛋白质，或没有去除干净制备过程中所用的乙醇、EDTA、SDS、酚、氯仿和某些高浓度金属离子，均会降低限制性内切酶的催化活性，甚至使限制性内切酶不起作用。②限制性内切酶的缓冲液。典型的限制性内切酶缓冲液成分包括氯化镁、氯化钠或氯化钾、Tris · Cl、2-巯基乙醇（2-ME）或二硫苏糖醇（DTT）以及牛血清白蛋白（BSA）等。不同的限制性内切酶对 NaCl 浓度的要求不同，这是不同限制酶缓冲液组成上的一个主要的不同（表 3-1），据此可分为高盐、中盐和低盐缓冲液，在进行双酶解或多酶解时，若这些酶切割可在同种缓冲液中作用良好，则几种酶可同时酶切；若这些酶所要求的缓冲液有所不同，可采用以下两种方法进行消化反应：先用要求低盐缓冲液的限制性内切酶消化 DNA，

然后补足适量的 NaCl,再用要求高盐缓冲液的限制酶消化;先用一种酶进行酶解,然后用乙醇沉淀酶解产物,再重悬于另一缓冲液中进行第二次酶解。③酶切消化反应的温度。DNA 消化反应的温度是影响限制性内切酶活性的一个重要因素。不同的核酸限制性内切酶,具有各自的最适反应温度。多数限制性内切酶的最适反应温度是 37℃,少数限制性内切酶的最适反应温度高于或低于 37℃。④DNA 的分子结构。DNA 分子构型对核酸限制性内切酶的活性有很大影响,如消化超螺旋的 DNA 比消化线性 DNA 用酶量要高出许多倍。有些限制性内切酶在消化它们自己的处于不同部位的限制位点,其效率也有明显差异。

表 3-1 不同限制性内切酶缓冲液配制表

缓冲液	NaCl	Tris · Cl(pH7.5)	$MgCl_2$	DTT
低离子强度	0～10mmol/L	10mmol/L	10mmol/L	1mmol/L
中离子强度	50mmol/L	10mmol/L	10mmol/L	1mmol/L
高离子强度	100mmol/L	50mmol/L	10mmol/L	1mmol/L

限制性内切酶反应的终止通常有以下三种方法:①采用 65℃条件下温浴 20min,通过加热失活内切酶;②加终止反应液(如 0.5mol/L 的 EDTA 使之在溶液中的终浓度达到 10mol/L)螯合内切酶的辅助因子 Mg^{2+} 使内切酶变性以终止反应;③通过电泳割胶回收或用酚/氯仿抽提,然后乙醇沉淀,此法最为有效且有利于下一步的 DNA 的操作。酶切完成后,不必立即进行终止反应,可先取出适量反应液进行快速的琼脂糖凝胶电泳,在紫外灯下观察酶切结果,再决定是否终止反应。

DNA 限制性内切酶酶切图谱又称 DNA 的物理图谱,它由一系列位置确定的多种限制性内切酶酶切位点组成,以直线或环状图式表示。在 DNA 序列分析、基因组的功能图谱绘制、基因文库的构建等工作中,建立限制性内切酶图谱都是不可缺少的环节,近年来发展起来的 RFLP(限制性片段长度多态性)技术更是建立在它的基础上。

在酶切图谱制作过程中,为了获得条带清晰的电泳图谱,一般 DNA 用量约为 0.5～1μg。限制性内切酶的酶解反应最适条件各不相同,各种酶有其相应的酶切缓冲液和最适反应温度(大多数为 37℃)。对质粒 DNA 酶切反应而言,限制性内切酶用量可按标准体系 1μg DNA 加 1 单位酶,消化 1～2h。但要完全酶解则必须增加酶的用量,一般增加 2～3 倍,甚至更多,反应时间也要适当延长。

第二节 设备、材料及试剂

一、设备

恒温水浴箱、电泳仪和电泳槽、紫外扫描分析仪、台式高速离心机、微波炉、移液器、Eppendorf 离心管及离心管架等。

二、材料

DNA 底物,λDNA 或质粒 DNA 或制备的植物组织 DNA。

三、试剂

限制性内切酶及其缓冲液，5×TBE 电泳缓冲液，6×上样缓冲液，溴化乙锭，DNA 相对分子质量标准 Marker。

第三节　操作步骤

一、酶切反应

1. 酶切混合液配制：选择酶对应的酶切缓冲液，将缓冲液 2μl、λDNA(5μg)或基因组 DNA(5μg)或质粒 DNA(1μg)、限制性内切酶 5～10U(酶可以加 1 种或 2 种)加至 0.5ml Eppendorf 离心管中，加双蒸水至 20μl，加盖，混匀后稍离心。

2. 37℃水浴箱中反应 1～2h。

3. 终止酶切反应。可根据需要采用下列四种不同的终止方法：①酶切后不需进行下一步反应，可加入含 EDTA 的终止液终止反应；②若需进一步反应(如连接、切割等)，可将反应管置 65℃保温 20～30min，以灭活酶终止反应；③可用酚/氯仿抽提，乙醇沉淀获得较纯 DNA；④割胶回收 DNA 进行下一步酶学操作。

二、酶切产物的电泳分离和鉴定

1. 稀释缓冲液的制备：取 5×TBE 缓冲液 5ml 加水至 50ml，配制成 0.5×TBE 稀释缓冲液。

2. 胶板的制备：将冷却至 60℃左右的琼脂糖凝胶液缓慢倒入内槽，直至所需厚度。注意不要形成气泡，特别是梳子下，如有气泡可用牙签挑破。待胶凝固后，小心取出梳子，将带凝胶的内槽放入电泳槽中，凝胶点样端靠近负极。

3. 加入 0.5×TBE 缓冲液至电泳槽中，使缓冲液淹过凝胶表面 0.5cm。

4. 加样：剪取适当大小的 Parafilm 膜，取 6×上样缓冲液 1μl 点于膜上数点。取 10μl 酶切 DNA 样品、0.5～1μg 未酶切质粒 DNA、DNA 相对分子质量标准 Marker 分别与上样缓冲液混匀，将其分别加入凝胶点样孔，记录点样顺序及点样量。

5. 电泳：接通电源槽与电泳仪的电源(点样端接负极，另一端接正极)，调好电压(5V/cm 凝胶长度)，开始电泳。当溴酚蓝染料移动至凝胶前沿约 1cm 处，切断电源，停止电泳。

6. 观察结果：取出内槽，将凝胶小心推入紫外扫描分析仪的玻璃平板上，关上仪器防护屏，在计算机上观察并扫描记录质粒 DNA 与酶切 DNA 电泳结果，比较分析经酶切与未经酶切的 DNA 图谱的区别。

三、酶切产物的割胶回收

用 AxyGEN 割胶回收试剂盒从琼脂糖凝胶中回收目的 DNA 片段，步骤如下：

1. 在紫外灯下用一锋利刀片从凝胶中割取目的 DNA 片段带，测定质量(mg)。

2. 加入 3 倍胶体积(mg/μl)的 Buffer DE-A 缓冲液。

3. 悬浮均匀后于 75℃加热，每隔 2～3min 混合一次，直至凝胶块完全融化(约 6～8min)。

4. 按 Buffer DE-A 体积的 50%加入 Buffer DE-B，混合均匀。当回收的 DNA 片段小于 500bp 时，加入 1 倍胶体积的异丙醇，混匀。

5. 将以上样品转至 DNA-prep Tube 离心柱，离心柱置于 2ml 收集管上，12000r/min 离心 1min，弃滤液。

6. 用 500μl Buffer W1 洗柱，12000r/min 离心 1min，弃滤液。

7. 用 700μl 已加无水乙醇的 Buffer W2 洗柱，12000r/min 离心 1min，弃滤液，用同样的方法再用 700μl Buffer W2 洗涤一次。

8. 将 DNA-prep Tube 置于 1.5ml 离心管中，12000r/min 离心 1min，以彻底去除 Buffer W2。

9. 将 DNA-prep Tube 置于另一洁净的 1.5ml 离心管中，在 silica 膜中央加 25～30μl Eluent 以溶解柱中 DNA，室温静置 1min，12000r/min 离心 1min，收集离心液即为 DNA 溶液。

四、注意事项

1. 酶切时所加的 DNA 溶液体积不能太大，否则 DNA 溶液中其他成分会干扰酶反应。

2. 进行 DNA 酶切时，要在其最适温度下(大多数为 37℃)进行，最好使用每一种酶的专用缓冲液。当要用两种或两种以上限制酶切割 DNA 时，如果这些酶可以在同种缓冲液中作用良好，则两种酶可同时切割，如遇不同缓冲液的双酶切时，应先用低盐缓冲液、后用高盐缓冲液，或一种酶切结束后加 TE 至 400μl，再进行酚/氯仿抽提、乙醇沉淀，重新建立第二个酶切反应体系。

3. 限制性内切酶一定要在低温下贮存(－20℃以下)，以防止酶活性降低。

4. 进行大量酶切时，先要确定酶切体系中限制性内切酶的浓度。一般 1U 限制性内切酶于 37℃条件下作用底物 DNA 1h 以上可切割 1μg λDNA。一般来说，要用 2～3 倍才能保证完全消化，对基因组 DNA 尤其如此。

5. 琼脂糖凝胶的浓度直接影响 DNA 片段的分离效果，一定要根据被分离 DNA 片段的大小确定好合适的琼脂糖凝胶浓度。

6. EB 是 DNA 的诱变剂，具极强的致癌性，配制和使用过程中要特别小心，操作时要戴手套，有 EB 的废液和器皿要分别处理好。

7. 大多数限制性内切酶贮存在 50%甘油溶液中，以避免在－20℃条件下结冰。当最终反应液中甘油浓度大于 10%时，某些限制性内切酶的识别特异性降低，从而产生星号活性，更高浓度的甘油会抑制酶活性。因此，加入反应的酶体积不超过反应总体积的 1/10，避免限制性内切酶活性受到甘油的影响。

8. 反应混合物中 DNA 底物的浓度不宜太大，小体积中过高浓度的 DNA 会形成粘性 DNA 溶液抑制酶的扩散，并降低酶活性。建议：酶切反应的 DNA 浓度为 0.1～0.4μg/μl。

9. 酶切反应所加入的酶量应适中，根据底物的种类、量的多少和体积的大小而定，对不同的限制性内切酶，各厂家均有一最大的消化量指标可参考。

10. 反应混合液中加入浓度为 0.1mg/ml 的 BSA，可维持酶的稳定性。

11. 酶切底物 DNA 应具备一定的纯度，其溶液中不能含有迹量酚、氯仿、乙醚，大于 10mmol/L 的 EDTA、去污剂 SDS 以及过量的盐离子浓度，否则会不同程度地影响限制酶的活性。

12. DNA 碱基上的甲基化修饰也是影响酶切的一个重要因素，所以实验所选择的受体菌株应考虑到使用的菌株中的酶修饰系统。

13. 要保证酶作用时的最佳反应条件(pH、温度)和底物用量，酶反应才能有效地进行。

14. 反应取酶时应使用无菌枪头，每次吸酶均需换枪头，以免污染酶液。

15. 酶切体系在高于 37℃或需长时间保温时，可加入矿物油覆盖在反应液上以减少水分蒸发。

16. 反应前的低速离心是必要的，这可使因混匀时吸附于管壁上的液滴全部沉至管底。

17. 分子克隆是微量操作技术，DNA 样品与限制性内切酶的用量都极少，必须严格注意吸样量的准确性及全部放入反应体系中。

18. 不同厂家的试剂不可混用，需要时请查明相关条件及数据。

19. 要注意酶切时加样的次序，一般次序为水、缓冲液、DNA，最后才加酶液。取液时，Tip 头要从溶液表面吸取，以防止 Tip 头沾去过多的液体与酶，待用的内切酶要放在冰浴内，用后盖紧盖子并立即放回－20℃以下冰箱，防止限制性内切酶的失活。

20. 在酶切产物的割胶回收步骤 1 中，将凝胶切成细小的碎块可大大缩短凝胶融化时间(线性 DNA 长时间暴露在高温条件下易水解)，从而提高回收率；勿将含 DNA 的凝胶长时间地暴露在紫外灯下，减少紫外线对 DNA 造成的损伤。

21. 在酶切产物的割胶回收步骤 2 中凝胶必须完全融化，否则严重影响 DNA 回收率。

22. 酶切产物的割胶回收中，将 Eluent 或去离子水加热至 65℃，有利于提高洗脱效率。DNA 分子呈酸性，建议在 2.5mmol/L Tris · Cl，pH 8.5 洗脱液中保存。

第四章　特异片段与载体的连接反应

第一节　概　述

DNA 片段之间的体外连接是 DNA 重组技术的一个核心步骤，是指在一定条件下，由 DNA 连接酶催化的两个双链 DNA 片段相邻的 5'端磷酸基与 3'端羟基之间形成磷酸二酯键的过程。需要注意的是，DNA 连接酶并不能连接两条单链的 DNA 分子或环化的单链 DNA 分子，实际上 DNA 连接酶只能封闭双螺旋 DNA 骨架上的缺口，即在双链 DNA 的某一条链上两个相邻核苷酸之间失去一个磷酸二酯键所出现的单链断裂。

DNA 连接酶有两种，分别是 T4 噬菌体基因 30 编码的 T4 噬菌体 DNA 连接酶（简称 T4 DNA 连接酶）和大肠杆菌基因组中 lig 基因编码的大肠杆菌 DNA 连接酶，前者利用 ATP 作为能量辅助因子，后者利用 NAD 作为能量辅助因子。T4 DNA 连接酶是目前应用最广泛的 DNA 连接酶，该酶相对分子质量为 60kD，其活性很容易被 0.2mol/L KCl 溶液和精胺所抑制。T4 DNA 连接酶的单位有多种定义，比较通用的是韦氏（Weiss）单位。

DNA 连接酶催化 DNA 连接的反应分为三步：

1. NAD 或 ATP 将其腺苷酰基转移到 DNA 连接酶的一个赖氨酸残基的 ε-氨基上形成共价的酶-腺苷酸中间物，同时释放出烟酰胺单核苷酸（NMN）或焦磷酸。

2. 将酶-腺苷酸中间物上的腺苷酰基再转移到 DNA 的 5'-磷酸基端，形成一个焦磷酰衍生物，即 DNA-腺苷酸。

3. 这个被激活的 5'-磷酰基端可以和 DNA 的 3'-OH 端反应合成磷酸二酯键，同时释放出 AMP。DNA 连接酶所催化的整个过程是可逆的。酶-腺苷酸中间物可以与 NMN 或 PPi 反应生成 NAD 或 ATP 及游离酶；DNA-腺苷酸也可以和 NMN 及游离酶作用重新生成 NAD。该逆反应过程可以在 AMP 存在的情况下使共价闭环超螺旋 DNA 被连接酶催化，产生有缺口的 DNA-腺苷酸，生成松弛的闭环 DNA。

DNA 连接酶最突出的特点是它能够催化外源 DNA 和载体分子之间发生连接作用，形成重组的 DNA 分子。在基因工程操作中，因质粒具有稳定可靠和操作简便的优点，所以在克隆较小的 DNA 片段（＜10kb）时，往往优先选择质粒载体。在质粒载体上进行克隆，一般先用限制性内切酶切割质粒 DNA 和目的 DNA 片段，然后在体外进行外源 DNA 片段和线状质粒载体的连接，也就是在双链 DNA5'磷酸基和相邻的 3'羟基之间形成的新的共价键。如质粒载体的两条链都带 5'磷酸基，可生成 4 个新的磷酸二酯键。但如果质粒 DNA 已去磷酸化，则只能形成 2 个新的磷酸二酯键。在这种情况下产生的两个杂交体分子带有 2 个单链切口，当被导入感受态细胞后可被修复。

外源 DNA 片段和质粒载体的连接反应策略有以下几种：

一、带有非互补粘性末端 DNA 片段的连接

用两种不同的限制性内切酶对外源 DNA 片段和质粒载体进行消化可以产生带有非互补的粘性末端，通过体外连接可以导致外源 DNA 片段定向插入载体中。一般情况下，常用的质粒载体均带有由多个不同限制性内切酶的识别序列组成的多克隆位点，因而几乎总是能够找到与外源 DNA 片段末端限制性内切酶酶切位点匹配的载体。通常也可在 PCR 扩增时，在 DNA 片段两端人为加上不同限制性内切酶酶切位点以便与载体相连。

二、带有相同粘性末端 DNA 片段的连接

用相同的限制性内切酶或同尾酶处理可得到带有相同粘性末端的 DNA 片段。此种连接的优点是操作简便，但是由于质粒载体本身的两个粘性末端互补，因此很容易在连接过程中形成自身环化，其结果是减少了与外源片段的有效连接。所以，必须仔细调整连接反应中载体 DNA 和外源 DNA 的浓度，以便使正确的连接产物的数量达到最高水平。通常还可以将载体 DNA 的 5’磷酸基团用碱性磷酸酶去掉，最大限度地抑制质粒 DNA 的自身环化。另一方面，由于外源 DNA 的双末端与载体的双末端均为互补，因此外源片段与载体可以正反向连接，对于小片段的外源 DNA 也容易产生多拷贝插入。对于这种双向插入的连接方式，必须要有鉴别正反向连接的筛选方法。

三、带有平末端 DNA 片段的连接

用产生平末端的限制性内切酶或核酸外切酶消化，或由 DNA 聚合酶 Ⅰ 的 Klenow 片段补平可得到带有平末端的 DNA 片段。由于平末端的连接效率比粘性末端要低得多，故在其连接反应中，T4 DNA 连接酶的浓度和外源 DNA 及载体 DNA 浓度均要高得多。通常还需加入低浓度的聚乙二醇(PEG 8000)、氯化六氨合高钴类促进 DNA 分子凝聚成聚集体的物质以提高转化效率。

四、适当改造的 DNA 片段的连接

特殊情况下，外源 DNA 分子的末端与所用的载体末端无法相互匹配，这时可以在线状质粒载体末端或外源 DNA 片段末端接上合适的接头(linker)或衔接头(adapter)使其匹配，也可以有控制地使用 *E. coli* DNA 聚合酶 Ⅰ 的 Klenow 大片段部分填平 3’凹端，使不相匹配的末端转变为互补末端或转为平末端后再进行连接。

五、PCR 介导的 DNA 片段的连接

由于 PCR 可以很方便地从体外获得大量的目的基因，因此利用 PCR 介导克隆的方法被广泛应用。通常将 PCR 产物插入到载体中有下列一些方法。

1. A/T 连接法：Taq DNA 聚合酶具有类似末端转移酶的活性，可在新生成的双链产物的 3’端加上一个碱基，尤其是 dATP 最容易加上，所以 PCR 产物末端的多余碱基大部分都是 A。利用这一特点，Taq DNA 聚合酶扩增的产物可与 T-载体进行粘性末端互补连接，达到高效克隆的目的。T-载体最初由 Promega 公司开发出商品，并一直沿用到现在，这些载体的特点是

将普通的克隆载体切成线状，并使之在3'末端含有一个凸出碱基T。这种连接产物在载体和PCR产物之间的双链上带两个切口，这种重组DNA仍可转化合适的受体菌，并在细菌体内修复。

2.粘性末端连接：为了使PCR产物能够方便地克隆到载体上，可在扩增的过程中在其两端添加限制性内切酶酶切位点。在设计引物时，除了考虑正常的特异性序列外，在选择酶切位点的种类时，要保证所选的酶切位点在扩增的DNA片段内部不存在。PCR产物经适当的限制性内切酶切割后产生粘性末端，与载体连接，产生重组DNA。如果上下游两个引物中含有两个不同的限制性内切酶酶切位点，经酶切后可定向克隆到载体中。

3.平末端连接：由于Taq DNA聚合酶往往在PCR产物3'端加上多余的非模板依赖碱基，在用平末端连接克隆PCR产物前，可用Klenow片段或T4 DNA聚合酶处理补平末端。

在实际操作中，如何区分插入有外源DNA的重组质粒和无插入而自身环化的载体分子是较为困难的。通过调整连接反应中外源DNA片段和载体DNA的浓度比例，可以将载体的自身环化限制在一定程度之下，也可以进一步采取一些特殊的克隆策略，如利用细菌或牛小肠碱性磷酸酶处理线性载体DNA以移去其末端的5'磷酸基团等来最大限度地降低载体的自身环化，还可以利用遗传学手段如α互补现象等来鉴别重组子和非重组子。

本实验所使用的质粒载体包括pMD18-T，转化受体菌为*E. coli* DH5α菌株。由于pMD18-T上带有Amp^r和lacZ基因，故重组子的筛选采用Amp抗性筛选与α-互补现象筛选相结合的方法。因pMD18-T带有Amp^r基因而外源片段上不带该基因，故转化受体菌后只有带有pMD18-T的转化子才能在含有Amp的LB平板上存活下来；而只带有自身环化的外源片段的转化子则不能存活。此为初步的抗性筛选。

pMD18-T上带有β-半乳糖苷酶基因(lacZ)的调控序列和β-半乳糖苷酶N端146个氨基酸的编码序列。这个编码区中插入了一个多克隆位点，但并没有破坏lacZ的阅读框架，不影响其正常功能。*E. coli* DH5α菌株带有β-半乳糖苷酶C端部分序列的编码信息。在各自独立的情况下，pMD18-T和DH5α编码的β-半乳糖苷酶的片段都没有酶活性。但在pMD18-T和DH5α融为一体时可形成具有酶活性的蛋白质。这种lacZ基因上缺失近操纵基因区段的突变体与带有完整的近操纵基因区段的β-半乳糖苷酸阴性突变体之间实现互补的现象叫α-互补。

基于α-互补的蓝白斑筛选：由α-互补产生的Lac^+细菌较易识别，它在生色底物X-gal(5-溴-4-氯-3-吲哚-β-D-半乳糖苷)存在下被IPTG(异丙基硫代-β-D-半乳糖苷)诱导形成蓝色菌落。当外源片段插入到pMD18-T质粒的多克隆位点上后会导致读码框架改变，表达蛋白失活，产生的氨基酸片段失去α-互补能力，因此在同样条件下含重组质粒的转化子在生色诱导培养基上只能形成白色菌落。由此可将重组质粒与自身环化的载体DNA分开。此为α-互补现象筛选。

基于α-互补的红白斑筛选：在麦康凯培养基上，由α-互补产生的Lac^+细菌由于含β-半乳糖苷酶，能分解麦康凯培养基中的乳糖，产生乳酸，使pH下降，因而产生红色菌落。而当外源片段插入到pMD18-T质粒的多克隆位点上后，含重组质粒的转化子失去α-互补能力，因而不产生β-半乳糖苷酶，无法分解培养基中的乳糖，菌落呈白色。由此可将重组质粒与自身环化的载体DNA分开。

第二节　设备、材料及试剂

一、设备

恒温摇床，台式高速离心机，恒温水浴锅，电热恒温培养箱，电泳仪，超净工作台，微量移液枪等。

二、材料

外源 DNA 片段：PCR 产物或自行制备的带限制性内切酶末端的 DNA 溶液，浓度已知。

载体 DNA：购买的 pMD18-T 质粒（Amp^r，lacZ），自行制备的带限制性内切酶末端的质粒载体 DNA。

宿主菌：*E. coli* DH5α。

三、试剂

1. T4 DNA 连接酶反应缓冲液（10×T4 DNA ligase buffer）：购买成品。
2. T4 DNA 连接酶（T4 DNA ligase）：购买成品。

第三节　操作步骤

一、外源片段和 pMD18-T 载体的连接反应（10μl 体系）

1. 取新的经灭菌处理的 0.5ml 离心管，编号。
2. 将 0.2μg 外源 PCR 产物转移到无菌离心管中。
3. 加蒸馏水至体积为 7.5μl。
4. 加入 0.5μl pMD18-T 载体（50ng/μl）。
5. 加入 1μl 的 10×T4 DNA ligase buffer。
6. 加入 1μl 的 T4 DNA ligase（350U/μl，每个 U 相当于 0.008 韦氏单位）。
7. 混匀后用微量离心机将液体全部甩到管底。
8. 于 4℃保温 8～24h。

二、外源片段和质粒载体的连接反应（10μl 体系）

1. 取新的经灭菌处理的 0.5ml 离心管，编号。
2. 将 0.1μg 载体 DNA 转移到无菌离心管中，加 3 倍摩尔量的外源 DNA 片段。
3. 加蒸馏水至体积为 8μl，于 45℃保温 5min，以使重新退火的粘端解链。将混和物冷却至 0℃。
4. 加入 10×T4 DNA ligase buffer 1μl。

5. 加入 T4 DNA ligase 1μl。

6. 混匀后用微量离心机将液体全部甩到管底。

7. 于 4℃保温 8～24h。

同时做两组对照反应，其中对照组一只有质粒载体无外源 DNA 片段；对照组二只有外源 DNA 片段没有质粒载体。

三、注意事项

1. 连接酶缓冲液的影响：大体上缓冲液含有以下组分：20～100mmol/L 的 Tris · HCl，较多用 50mmol/L，pH 的范围在 7.4～7.8，大多采用 7.8，目的是提供合适酸碱度的连接体系；10mmol/L 的 $MgCl_2$，作用是作为辅助因子激活酶促反应；1～20mmol/L 的 DTT，较多用 10mmol/L，作用是维持还原性环境，稳定连接酶活性；25～50μg/ml 的 BSA，作用是增加蛋白质的浓度，防止因蛋白浓度过稀而使连接酶变性失活。

2. 连接酶缓冲液在溶解时，如果出现少量沉淀属正常现象，请于 37℃保温溶解后使用。

3. DNA 连接酶用量与 DNA 片段的性质有关，连接平末端，必须加大酶量，一般使用连接粘性末端酶量的 10～100 倍。在连接带有粘性末端的 DNA 片段时，DNA 浓度一般为 2～10μg/ml，在连接平齐末端时，需加入 DNA 浓度至 100～200μg/ml。

4. 连接反应后，反应液在 0℃储存数天，－80℃储存 2 个月，但是在－20℃冰冻保存将会降低转化效率。

5. 粘性末端形成的氢键在低温下更加稳定，所以尽管 T4 DNA 连接酶的最适反应温度为 37℃，在连接粘性末端时，反应温度以 12～16℃为好，以保证粘性末端退火及酶活性、反应速率之间的平衡，如果粘性末端中 G＋C 含量高，其连接反应温度可以适当提高。平末端反应因为不需要考虑末端的退火问题，可在室温进行，但是温度高于 30℃会导致 T4 DNA 连接酶的不稳定。

6. 在连接反应中，如不对载体分子进行去 5’磷酸基处理，应使用过量的外源 DNA 片段(2～5倍)，这将有助于减少载体的自身环化，增加外源 DNA 和载体连接的机会。

第五章　大肠杆菌感受态细胞的制备及连接产物的转化、鉴定

第一节　概　述

重组 DNA 分子体外构建完成后，必须导入特定的宿主（受体）细胞，使之无性繁殖并高效表达外源基因或直接改变其遗传性状，这个导入过程及操作统称为重组 DNA 分子的转化。

在原核生物中，转化是一个较普遍的现象。在细胞间转化是否发生，一方面取决于供体菌与受体菌两者在进化过程中的亲缘关系，另一方面还与受体菌是否处于一种感受状态有着很大的关系。在自然条件下，很多质粒都可以通过细菌接合作用转移到新的宿主内，但在人工构建的质粒载体中，一般缺乏此种转移所必需的 mob 基因，因此不能自行完成从一个细胞到另一个细胞的接合转移。如需将质粒载体转移进受体菌，必须诱导受体菌产生一种短暂的感受态以摄取外源 DNA。

一、大肠杆菌感受态细胞的制备

受体细胞经过一些特殊方法（如电击法、$CaCl_2$、RbCl、KCl 等化学试剂法）的处理后，细胞膜的通透性发生了暂时性的改变，成为能允许外源 DNA 分子进入的感受态细胞（compenent cells）。所谓的感受态，即指受体（或者宿主）最易接受外源 DNA 片段并实现其转化的一种生理状态，它是由受体菌的遗传性状所决定的，同时也受菌龄、外界环境因子的影响。cAMP 可以使细胞感受态水平提高一万倍，而 Ca^{2+} 也可大大促进转化。细胞的感受态一般出现在对数生长期，新鲜幼嫩的细胞是制备感受态细胞和进行成功转化的关键。

目前常用的感受态细胞制备方法有 $CaCl_2$ 法和 TB 法，TB 法制备的感受态细胞转化效率较高，但 $CaCl_2$ 法更简便易行，且其转化效率完全可以满足一般实验的要求。当制备出的感受态细胞暂时不用时，可加入占总体积 15% 的无菌甘油于 −70℃ 保存，有效期可达 6 个月。转化过程所用的受体细胞一般是限制修饰系统缺陷的变异株，即不含限制性内切酶和甲基化酶的突变体（R^-，M^-），它可以容忍外源 DNA 分子进入体内并稳定地遗传给后代。

大肠杆菌是基因工程重要的实验菌株，长期以来一直认为其缺乏天然的转化机制。1970 年 M. Mandel 和 A. Higa 首先报道 $CaCl_2$ 能够诱导大肠杆菌细胞呈现感受态。紧接着在 1972 年 S. N. Cohen 等人证明经 $CaCl_2$ 处理的大肠杆菌细胞可用于质粒 DNA 转化。其原理是细菌处于 0℃、$CaCl_2$ 的低渗溶液中，细菌细胞膨胀成球形，转化混合物中的 DNA 形成抗 DNase 的羟基-钙磷酸复合物黏附于细胞表面，经 42℃ 短暂的热冲击处理，促使细胞吸收 DNA 复合物，在丰富培养基上生长数小时后，球状细胞复原并分裂增殖，被转化的细菌中，重组子中的基因得到表达，在选择性培养基平板上可选出所需的转化子。$CaCl_2$ 处理的感受态细胞，其转化效

率一般能达到 $5\times10^6\sim2\times10^7$ 转化子/μg 质粒 DNA，可以满足一般的基因克隆试验。如在 Ca^{2+} 的基础上，联合其他的二价金属离子（如 Mn^{2+}、Co^{2+}）、DMSO 或还原剂等物质处理细菌，则可使转化率提高 100～1000 倍。

除化学法转化细菌外，还有电击转化法，电击法不需要预先诱导细菌的感受态，但需要借助特殊的仪器——电击仪，依靠短暂的电击，促使 DNA 进入细菌，转化效率最高能达到 $10^9\sim10^{10}$ 转化子/μg 闭环 DNA。电击法因操作简便，愈来愈为人们所接受。

二、影响细菌转化效率的因素

对 DNA 分子来说，能够被转化进受体细胞的比率极低，通常只占 DNA 分子的 0.01%，因此改变条件来提高细菌的转化效率是很有必要的。通常，细菌的转化效率受转化 DNA 的浓度、纯度和构型、转化细胞的生理状态以及转化的环境条件等的制约。

1. 质粒的质量和浓度：转化效率与外源 DNA 的浓度在一定范围内成正比，但当加入的外源 DNA 的量过多或体积过大时，转化效率就会降低。用于转化的质粒 DNA 应主要是超螺旋态 DNA（cccDNA），1ng 的 cccDNA 即可使 50μl 的感受态细胞达到饱和。在转化实验中，DNA 溶液的体积不应超过感受态细胞体积的 5%。需要提及的是，对于质粒 DNA 而言，相对分子质量大的转化效率低，大于 30kb 的重组质粒将很难进行转化。此外，重组 DNA 分子的构型与转化效率也密切相关，环状重组质粒的转化效率较相对分子质量相同的线性重组质粒高 10～100 倍，因此重组 DNA 大都构成环状双螺旋分子。

2. 受体细胞的生长状态和密度：不要用经过多次转接或储于 4℃的受体菌，最好从 -70℃保存的菌种中直接转接用于制备感受态细胞的菌液。细胞生长密度以刚进入对数生长期时为好，可通过监测培养液的 OD_{600} 来控制。DH5α 菌株的 OD_{600} 为 0.5 时，细胞密度在 5×10^7 个/ml 左右（不同的菌株情况有所不同）时比较合适。密度过高或不足均会影响转化效率。

3. 受体细胞生长的 pH 值：一般来说，接种受体菌前的培养基 pH 值在 6.8～7.2，等菌摇好后，pH 值不要低于 6.0，最好在 6.5 以上。这表示菌体的代谢为有氧代谢，生长状态良好。

4. 试剂的质量：所用的试剂，如 $CaCl_2$ 等均需是最高纯度的（GR. 或 AR.），并用超纯水配制，最好分装保存于干燥的冷暗处。

5. 防止杂菌和杂 DNA 的污染：制备感受态细胞和转化的整个操作过程均应在无菌条件下进行，所用器皿，如离心管、枪头等最好是新的，并经高压灭菌处理，所有的试剂都要灭菌，且注意防止被其他试剂、DNA 酶或杂 DNA 所污染，否则均会影响转化效率或杂 DNA 的转入，为以后的筛选、鉴定带来不必要的麻烦。

三、转化子的鉴定

进入受体细胞的 DNA 分子通过复制、表达实现遗传信息的转移，使受体细胞出现新的遗传性状。将经过转化后的细胞在筛选培养基中培养，即可筛选出转化子（transformant），即带有异源 DNA 分子的受体细胞。

本实验以 *E. coli* DH5a 菌株为受体细胞，通过 $CaCl_2$ 处理，诱导其处于感受态，然后与重组的 pMD18-T 质粒共保温，实现热击转化。由于重组 pMD18-T 质粒带有氨苄青霉素抗性基因（Amp^r）和 lacZ 基因，可通过 Amp 抗性和 α-互补现象来初步筛选转化子。如受体细胞没有转入重组 pMD18-T，则在含 Amp 的培养基上不能生长。能在 Amp 培养基上生长的受体细胞

(转化子)初步肯定已导入了重组 pMD18-T。用无菌牙签挑取白色单菌落接种于含 Amp 50μg/ml 的 5ml LB 液体培养基中,37℃下振荡培养。待转化子扩增后,可将转化的质粒提取出,进行电泳、酶切、PCR 等进一步鉴定,最终筛选出重组质粒。

第二节 设备、材料及试剂

一、设备

恒温摇床,电热恒温培养箱,台式高速离心机,超净工作台,低温冰箱,恒温水浴锅,制冰机,分光光度计,微量移液器。

二、材料

E. coli DH5α 菌株:R^-,M^-;Amp^-;重组 pMD18-T 质粒 DNA:实验室自制等。

三、试剂

1. LB 液体培养基(Luria-Bertani):称取蛋白胨(Tryptone)10g,酵母提取物(Yeast extract)5g,NaCl 10g,溶于 800ml 去离子水中,用 NaOH 调 pH 至 7.5,加去离子水至总体积 1L,高压蒸汽灭菌 20min。

LB 固体培养基:液体培养基中每升加 12g 琼脂粉,高压灭菌。

2. Amp 母液:配成 50mg/ml 水溶液,-20℃保存备用。

3. 含 Amp 的 LB 固体培养基:将配好的 LB 固体培养基高压灭菌后冷却至 60℃左右,加入 Amp 储存液,使终浓度为 50μg/ml,摇匀后倒平板。

4. 麦康凯培养基(Maconkey Agar):取 52g 麦康凯琼脂,加蒸馏水至 1L,微火煮沸至完全溶解,高压灭菌,待冷至 60℃左右加入 Amp 储存液使终浓度为 50μg/ml,摇匀后倒平板。

5. 60mmol/L $CaCl_2$ 溶液:60mmol/L $CaCl_2$,10mmol/L PIPES,15%甘油,调 pH 值至 7.0 后定容至 100ml,高压灭菌。

6. TB 溶液:10mmol/L PIPES,55mmol/L $MnCl_2$,15mmol/L $CaCl_2$,250mmol/L KCl,定容至 100ml。$MnCl_2$ 必须在其他三者溶解并用 5mol/L KOH 溶液调 pH 值至 6.7 后再加入,加 MilliQ 水定容至 100ml,经 45μm 的过滤器过滤后储存于 4℃。

第三节 操作步骤

一、感受态细胞的制备

(一)$CaCl_2$ 法

1. 取-70℃冻存的 *E. coli* DH5α 细胞在 LB 平板划线培养,37℃培养至菌落直径约为 1~2mm,从 LB 平板上挑取新活化的 *E. coli* DH5α 单菌落,接种于 3~5ml LB 液体培养基中,

37℃下振荡培养 12h 左右，直至对数生长后期。将该菌悬液以 1∶50～1∶100 的比例接种于 100ml LB 液体培养基中，37℃振荡培养 2～3h 至 OD_{600} =0.5 左右。

2. 将 25ml 培养液转入 50ml 灭菌离心管中，冰上放置 10min，然后于 4℃下 2000g 离心 10min。

3. 弃去上清，用预冷的 60mmol/L $CaCl_2$ 溶液 10ml 轻轻悬浮细胞，冰上放置 15～30min 后，4℃下 2000g 离心 10min。

4. 弃去上清，加入 4ml 预冷的 60mmol/L $CaCl_2$ 溶液，轻轻悬浮细胞，冰上放置 10min，即成感受态细胞悬液。

5. 将感受态细胞以每管 200μl 分装于 1.5ml 离心管中，并立即于液氮速冻，贮存于－70℃冰箱保存，备用。

（二）TB 法

1. 取－70℃冻存的 *E. coli* DH5α 细胞在 LB 平板划线培养，37℃培养至菌落直径约为 1～2mm；从 LB 平板上挑取新活化的 *E. coli* DH5α 单菌落，接种于 3～5ml LB 液体培养基中，37℃下振荡培养 12h 左右，直至对数生长后期。将该菌悬液以 1∶100～1∶50 的比例接种于 100ml LB 液体培养基中，37℃振荡培养 2～3h 至 OD_{600} =0.5 左右。

2. 将 25ml 培养液转入 50ml 灭菌离心管中，冰上放置 10min，然后于 4℃下 2500g 离心 10min。

3. 弃去上清，用 8ml 预冷的 TB 缓冲液悬浮细菌沉淀，冰浴 10min，4℃下 2500g 离心 10min。

4. 用 4ml TB 悬浮沉淀，加入 DMSO 至终浓度为 7%，轻轻混匀，冰浴 10min。

5. 将感受态细胞以每管 200μl 分装于 1.5ml 离心管中，并立即于液氮速冻，贮存于－70℃冰箱保存，备用。

注意事项：

1. 受体细胞一般应是限制-修饰系统缺陷的突变株，即不含限制性内切酶和甲基化酶的突变株，并且受体细胞还应与所转化的载体性质相匹配。

2. 所用的 $CaCl_2$ 等试剂均需是最高纯度的，并用最纯净的水配制，所使用的器具必须是非常洁净的，试剂配制好后最好分装保存于 4℃。

3. 控制培养基的装量，这关系到菌体生长过程中是有氧还是无氧生长。厌氧生长出来的菌体是做不出效率高的感受态的。建议装量值为：培养基体积/三角瓶容量＝100ml/500ml 或 50ml/250ml。

4. 控制细胞的生长状态和密度。最好从－70℃甘油保存的菌种中直接转接用于制备感受态细胞的菌液。不要用已经过多次转接，及贮存在 4℃的培养菌液。细胞生长密度以每毫升培养液中的细胞数在 5×10^7 个左右为佳。即应用对数期或对数生长前期的细菌，可通过测定培养液的 OD_{600} 控制。应注意 OD_{600} 值与细胞数之间的关系随菌株的不同而不同。密度过高或不足均会使转化率下降。

5. 防止菌株被污染。

6. 低温离心时，离心机应先预冷；持续低温操作时，操作间隙应保持离心机盖关闭。

二、连接产物的转化

1. 从－70℃冰箱中取 200μl 感受态细胞悬液，室温下使其解冻，解冻后立即置冰上。

2. 加入重组 pMD18-T 质粒 DNA 溶液 5μl，轻轻摇匀，冰上放置 30min。

3. 42℃水浴中热击 60s，热击后迅速置于冰上冷却 3～5min。

4. 加入 1ml LB 液体培养基(不含 Amp)，混匀后 37℃振荡培养 1h，使细菌恢复正常生长状态，并表达质粒编码的抗生素抗性基因(Amp^r)。

5. 将上述菌液在 6500r/min 下离心 3min，倾斜离心管倒掉上清(上清不能被完全去除，最终会有约 100μl 残留在离心管底)，用移液枪轻轻吹打混匀后将沉淀混匀后涂布于含 Amp 的筛选平板上，正面向上放置 0.5h，待菌液完全被培养基吸收后倒置培养皿，37℃培养16～24h。

6. 以同体积的无菌双蒸水代替 DNA 溶液，其他操作与上面相同。此组正常情况下在含抗生素的 LB 平板上应没有菌落出现。

7. 以同体积的无菌双蒸水代替 DNA 溶液，但在第 5 步时将菌液摇匀后只取 5μl 涂布于不含抗生素的 LB 平板上，此组正常情况下应产生大量菌落。

8. 计算转化率。统计每个培养皿中的菌落数。当转化效率较高时，需将转化液进行多梯度稀释涂板才能得到单菌落平板，当转化效率较低时，涂板时必须将菌液浓缩(如离心)，才能较准确地计算转化率。

转化后在含抗生素的平板上长出的菌落即为转化子，根据此皿中的菌落数可计算出转化子总数和转化频率，公式如下：

转化子总数＝菌落数×稀释倍数(转化反应原液总体积/涂板菌液体积)

转化频率＝转化子总数/质粒 DNA 加入量(μg)

感受态细胞总数＝对照组菌落数×稀释倍数(菌液总体积/涂板菌液体积)

感受态细胞转化效率＝转化子总数/感受态细胞总数

注意事项：

1. 用于转化的质粒 DNA 应主要是超螺旋态的，转化效率与外源 DNA 的浓度在一定范围内成正比，但当加入的外源 DNA 的量过多或体积过大时，则会使转化效率下降。一般地，DNA 溶液的体积不应超过感受态细胞体积的 5%。

2. 防止杂菌和杂 DNA 的污染。整个操作过程均应在无菌条件下进行，所用器皿，如离心管、移液枪头等最好是新的，并经高压灭菌处理。所有的试剂都要灭菌，且注意防止被其他试剂、DNA 酶或杂 DNA 所污染，否则均会影响转化效率或杂 DNA 的转入。

3. 42℃热击的时间与离心管的厚度、菌液的体积、转入片段的大小直接相关，一般建议热击 45s，热击时间不宜超过 90s，否则转化效率会下降很快。

4. 整个操作均需在冰上进行，不能离开冰浴，否则细胞转化效率将会降低。

5. 连接反应后，连接反应液可以在 0℃储存数天，－80℃储存 2 个月，但是在－20℃冰冻保存将会降低转化效率。

三、转化子的鉴定

1. 倒置平板于 37℃继续培养 12～16h，待出现明显而又未相互重叠的单菌落时拿出平板。不带有 pMD18-T 质粒 DNA 的细胞，由于无 Amp 抗性，不能在含有 Amp 的筛选培养基上存活。带有 pMD18-T 空载体的转化子由于具有 β-半乳糖苷酶活性，在麦康凯筛选培养基上呈现为红色菌落。而带有重组 pMD18-T 质粒的转化子由于失去了 β-半乳糖苷酶活性，不能分解乳糖，故在麦康凯筛选培养基上呈现为白色菌落。

2. 酶切和PCR鉴定重组质粒。用无菌牙签挑取白色单菌落接种于含Amp 50μg/ml的5ml LB液体培养基中,37℃下振荡培养12h。使用煮沸法快速分离质粒DNA,同时与用煮沸法抽提的pMD18-T质粒做对照,电泳观察,有插入片段的重组质粒电泳时迁移率较pMD18-T空载体慢。进一步用与载体连接末端相对应的限制性内切酶进行酶切检验。还可用特异性的引物进行PCR鉴定重组质粒。

注意事项:

1. 麦康凯选择性琼脂组成的平板,在含有适当抗生素时,携带pMD18-T空载体DNA的转化子为淡红色菌落,而携带插入片段的重组质粒转化子为白色菌落。该方法筛选效果类似蓝白斑筛选,且价格低廉;但需及时挑取白色菌落,当培养时间延长时,白色菌落会逐渐变成微红色,影响挑选。

2. 有些载体带有β-内酰胺酶基因,表达出的β-内酰胺酶可以破坏氨苄青霉素。若细菌培养时间过长,β-内酰胺酶积累过多,就会使氨苄青霉素失效,导致不含质粒的空菌落大量生长,这就是卫星菌落。

第六章　PCR 扩增技术

第一节　概　述

聚合酶链反应(Polymerase Chain Reaction,PCR)是指在引物指导下由酶催化的对特定克隆或基因组 DNA 序列进行体外扩增反应。PCR 技术具有特异、敏感、产率高、快速、简便、重复性好、易自动化等优点。该技术是由美国 Cetus 公司 Kary B. Mullis 于 1983 年发明的,他因此获得了 1993 年的诺贝尔化学奖。目前 PCR 技术已经渗透到分子生物学的各个领域,在分子克隆、基因诊断、基因重组和突变等方面得到了广泛应用。

一、PCR 技术的基本原理

PCR 是在试管中进行的 DNA 复制反应,基本原理与体内相似,不同之处是耐热的 Taq DNA 聚合酶取代 DNA 聚合酶,用合成的 DNA 引物替代 RNA 引物,用加热(变性)、冷却(退火)、保温(延伸)等改变温度的办法使 DNA 得以复制,反复进行变性、退火、延伸循环,就可使 DNA 无限扩增。PCR 具体分三个基本步骤:

1. 变性(Denature):将 PCR 反应体系升温至 94℃左右,目的双链的 DNA 模板就解开成两条单链,此过程为变性。

2. 退火(Anneal):将温度降至引物的 Tm 值以下,3’端与 5’端的引物各自与两条单链 DNA 模板的互补区域通过氢键配对结合,此过程称为退火。

3. 延伸(Extension):当反应体系的温度升至 70℃左右时,耐热的 Taq DNA 聚合酶催化四种脱氧核糖核苷三磷酸按照与模板 DNA 的核苷酸序列互补的方式依次加至引物的 3’端,形成新生的 DNA 链。

由这三个基本步骤组成一轮循环,每一次循环使反应体系中的 DNA 分子数增加约 1 倍,这些经合成产生的 DNA 又可作为下一轮循环的模板,经 25～35 轮循环就可使 DNA 扩增达 10^6～10^7 倍。

二、参与 PCR 反应体系的因素及其作用

参与 PCR 反应的因素主要包括模板核酸、引物、Taq DNA 聚合酶、缓冲液、Mg^{2+}、脱氧核糖核苷三磷酸(dNTP)、反应温度与循环次数、PCR 仪等。现对它们的作用介绍如下:

1. 引物:PCR 反应产物的特异性与长度由一对上下游引物,即 5’端引物(正向引物)与 3’端引物(反向引物)所决定。5’端引物是指与模板 5’端序列相同的寡核苷酸,3’端引物是指与模板 3’端序列互补的寡核苷酸。引物的好坏往往是 PCR 成败的关键。

引物设计和选择目的 DNA 序列区域时可遵循下列原则:

(1)引物长度约为 16～30bp，太短会降低退火温度，影响引物与模板配对，造成引物与非靶标序列杂交，从而使非特异性扩增产物增加；太长则比较浪费，难以合成，且引物过长使延伸温度超过 Taq DNA 聚合酶的最适温度(74℃)，亦会影响 PCR 扩增的特异性。

(2)引物中 G+C 含量通常为 40%～60%，可按下式粗略估计引物的解链温度(Tm)：

$$Tm=4(G+C)+2(A+T)$$

(3)四种碱基应随机分布，尤其在 3'端不应存在连续 3 个 G 或 C，否则会使引物与模板的 G 或 C 富集区错误互补，影响 PCR 扩增的特异性。

(4)在引物内，尤其在 3'端应不存在二级结构。

(5)两引物之间尤其在 3'端不能互补，以防出现引物二聚体，减少目的产物的产量。两引物间最好不存在 4 个连续碱基的同源性或互补性。

(6)引物 5'端对扩增特异性影响不大，可在引物设计时加上限制性内切酶酶切位点以及标记生物素、荧光素、地高辛等。通常应在 5'端限制性内切酶酶切位点外再加 1～2 个保护碱基。

(7)引物 3'端是引发延伸的点，因此不应错配。由于 4 种脱氧核糖核苷三磷酸(A、T、C、G)引起错配有一定规律，以引物 3'端 A 影响最大，因此尽量避免在引物 3'端第一位碱基是 A。引物 3'端也不要是编码密码子的第三个碱基，以避免因为密码子第 3 位简并性而影响扩增特异性。

(8)引物不与模板结合位点以外的序列互补。所扩增产物本身无稳定的二级结构，以免产生非特异性扩增，影响产量。引物与非靶标序列之间的同源性不要超过 70%或有连续 8 个互补碱基同源，否则易导致非特异性扩增。

(9)引物的 Tm 值尽量接近。一对引物的 GC 含量和 Tm 值应该协调。协调性差的引物对的扩增效率和特异性都较差，因为降低了 Tm 值导致特异性的丧失。而采用太高的退火温度，Tm 值低的引物则可能完全不发挥作用。一般来说，一对引物的 Tm 值相差尽量不超过2～3℃。

一般 PCR 反应中的引物终浓度为 0.1～0.5μmol/L。引物过多会引起错配和非特异性产物扩增，并增加引物之间形成引物二聚体的机率；引物过少则降低 DNA 合成的产率。引物的纯度和稳定性也直接影响到 PCR 的结果，因此引物合成后必须通过 PAGE 或 HPLC 纯化，引物的稳定性则依赖于储存条件，一般应将干粉和溶解的引物储存在－20℃条件下。

2. 四种脱氧核糖核苷三磷酸(dNTP)：dNTP 为 PCR 反应的底物。因 dNTP 具有较强的酸性，使用时应用 NaOH 将 pH 调至 7.0，并用分光光度计测定其准确浓度。dNTP 原液可配成 5～10mmol/L 并分装，－20℃贮存，注意过多次的冻融会使 dNTP 降解。一般反应中 4 种 dNTP 的浓度应该相等，以减少合成中由于某种 dNTP 的不足出现的错误掺入。每种 dNTP 的终浓度一般为 20～200μmol/L，在此范围内，PCR 产物的量、反应的特异性与忠实性之间的平衡最佳。

3. Mg^{2+}：Mg^{2+} 浓度对 Taq DNA 聚合酶影响很大，Mg^{2+} 浓度过低，Taq DNA 聚合酶酶活力显著降低；Mg^{2+} 浓度过高，又使酶催化非特异性扩增。通常 Mg^{2+} 浓度范围为 1.5～2mmol/L(对应的 dNTP 浓度为 200μmol/L 左右)。在 PCR 反应混合物中，Taq DNA 聚合酶的活性只与游离的 Mg^{2+} 浓度有关，而 PCR 反应体系中，dNTP、引物、DNA 模板等中的所有磷酸基团均可与 Mg^{2+} 结合而降低 Mg^{2+} 的游离浓度。因此，Mg^{2+} 的总量应比 dNTP 的浓度高 0.5～1.0mmol/L。

4. 模板：PCR 反应必须以 DNA 为模板进行扩增。模板 DNA 可以是单链分子，也可以是双链分子、线状分子，还可以是环状分子（线状分子比环状分子的扩增效果稍好）。就模板 DNA 而言，影响 PCR 的主要因素是模板的数量和纯度。一般反应中的模板用量很低，理论上 10^2～10^5 拷贝的模板可满足各种要求的 PCR。模板量过多则可能增加非特异性产物。多数 PCR 对模板的纯度要求不高，只要不存在交叉污染，模板中存在一定量的蛋白质、有机物等对 PCR 扩增过程影响不大。但是在某些情况下，DNA 中的杂质也会影响 PCR 扩增的效率。

5. Taq DNA 聚合酶：1988 年 R. K. Saiki 等人成功地将热稳定的 Taq DNA 聚合酶应用于 PCR 扩增，使 PCR 的特异性和敏感性都有了明显的提高。一般 Taq DNA 聚合酶活性半衰期为 92.5℃ 130min，95℃ 40min，97℃ 5min。在 PCR 反应中，Taq DNA 聚合酶所用的酶量可根据模板 DNA、引物及其他因素的变化进行适当的增减，酶量过多会使非特异性产物增加，过少则使 DNA 产量降低。通常每 100μl 反应液中含 1～2.5U Taq DNA 聚合酶就足以进行 30 轮循环。Taq DNA 聚合酶因其在体外无 3'→5'外切核酸酶活性，因而无校正阅读功能，在扩增过程中可引起错配，一般 PCR 中出错率为每轮循环 2×10^{-4} 核苷酸。错配碱基的数量受温度、Mg^{2+} 浓度和循环次数的影响，应用低浓度的 dNTP（各 20μmol/L）、1.5mmol/L 的 Mg^{2+} 浓度、高于 55℃ 的复性温度，可提高 Taq DNA 聚合酶的忠实性，此时的平均错配率仅为每轮循环 5×10^{-6} 核苷酸。但是利用 Taq DNA 聚合酶进行 PCR 在扩增片段的精确程度和合成片段的大小方面都有一定局限性。现在人们又发现了许多新的耐热的 DNA 聚合酶，如 Pfu DNA 聚合酶、PrimeSTAR DNA 聚合酶等，因其在体外有 3'→5'外切酶活性，这些酶兼具高保真性和高扩增效率，在扩增过程中错误率极低。PCR 反应结束后，如果需要利用这些扩增产物进行下一步实验，需要预先灭活耐热的 DNA 聚合酶，常用的方法有：

(1)PCR 产物经酚/氯仿抽提，乙醇沉淀。

(2)加入 10mmol/L 的 EDTA 螯合 Mg^{2+}。

(3)99～100℃加热 10min。

(4)利用 PCR 清洁试剂盒直接纯化 PCR 产物。

6. 反应缓冲液：缓冲液提供 PCR 反应适合的酸碱度与某些离子，反应缓冲液一般含 10～50mmol/L Tris · Cl(20℃下 pH 8.3～8.8)以及 50mmol/L KCl 和适当浓度的 Mg^{2+}，在实际 PCR 反应中，pH 为 6.8～7.8、50mmol/L KCl 有利于引物的退火。另外，反应缓冲液可加入 5mmol/L 二硫苏糖醇（DDT）或 100μg/ml 牛血清白蛋白（BSA），它们可稳定 Taq DNA 聚合酶的活性，另外加入 T4 噬菌体的基因 32 蛋白则对扩增较长的 DNA 片段有利。需要注意的是，各种 Taq DNA 聚合酶商品都有自己特定的一些缓冲液。

三、PCR 反应参数

标准 PCR 反应采用三温度点法，分别是 93～95℃ 变性，40～60℃ 退火，70～75℃ 延伸。对于扩增较短靶基因（长度为 100～300bp）时可采用二温度点法，一般采用 94℃ 变性，65℃ 左右退火与延伸。

1. 变性：根据模板 DNA 的复杂程度，可以调整变性温度和时间，一般情况下选择 94℃。变性温度过高或时间过长都会导致酶活性的损失。在第一轮循环前，在 94℃ 下预变性 2～5min 非常重要，它可使模板 DNA 完全解链，这样可减少聚合酶在低温下仍有活性从而延伸非特异性配对的引物与模板复合物所造成的错误。一般变性温度与时间为94℃ 1min。对于富含GC的序列,可适当提高变性温度。值得注意的是,变性不完全,往往使PCR失败,因为未变性完全的DNA双链会很快复性,最终减少DNA产量。为防止在变性温度时反应液的蒸发,可在反应管内加入1～2滴液体石蜡或将PCR仪器设置成热盖。

2. 退火:引物退火的温度和所需时间的长短取决于引物的碱基组成、引物的长度、引物与模板的配对程度以及引物的浓度。实际使用的退火温度比扩增引物的Tm值约低5℃。一般当引物中GC含量高、长度较长并与模板完全配对时,应提高退火温度。退火温度越高,所得产物的特异性越高;而退火温度过低,易引起非特异性扩增。在PCR开始的头一次循环时,反应从远低于Tm值的温度开始升温,由于Taq DNA聚合酶在低温时仍具有活性,这时就可能因引物与模板非特异性配对而出现非特异性产物或出现引物二聚体,然后在以后整个PCR反应中,非特异性产物反复扩增而使PCR严重失败。为了尽量消除这种非特异性扩增,可以使用热起动的方式,常用的方法有两种:一是在PCR系统中加入抗Taq DNA聚合酶的抗体。抗体与Taq DNA聚合酶结合,使酶活性受抑制。因此在开始时,虽然温度低,引物可与模板错配,但因Taq DNA聚合酶没有活性,不会引起非特异性扩增;当进行热变性时,抗体在高温时失活,Taq DNA聚合酶被释放,就可发挥作用,在以后的延伸步骤进行特异的DNA聚合反应;二是应用了在高温下才释放出热稳定的Taq DNA聚合酶的抑制剂,使延伸步骤在最佳温度下开始。

3. 延伸:延伸反应温度通常为72℃,接近于Taq DNA聚合酶的最适反应温度75℃。实际上,引物延伸在退火时即已开始,因为Taq DNA聚合酶的作用温度范围可从20～85℃。延伸反应时间的长短可根据待扩增片段的长度而定。在一般反应体系中,Taq DNA聚合酶每分钟约可合成1kb长的DNA。延伸时间过长会导致产物非特异性增加,但对很低浓度的目的序列,则可适当增加延伸反应的时间。一般在扩增反应完成后,都需要一步较长时间(10～30min)的延伸反应,以获得尽可能完整的产物,这对以后进行克隆或测序反应尤为重要。

4. 循环次数:一般而言25～30轮循环已经足够。循环次数过多,会使非特异性产物大量增加。通常经25～30轮循环扩增后,反应中Taq DNA聚合酶已经不足,如果此时产物量仍不够,需要进一步扩增,可将扩增的DNA样品稀释10^3～10^5倍作为模板,重新加入各种反应底物进行扩增,这样经60轮循环后,扩增水平可达10^9～10^{10}。在PCR过程中,DNA的扩增过程遵循酶的催化动力学原理:在扩增初期,目的DNA片段呈指数形式增加。在扩增后期,由于产物积累,使原来呈指数扩增的反应变成平坦的曲线,产物不再随循环数而明显上升,这称为平台效应。平台期会使原先由于错配而产生的低浓度非特异性产物继续大量扩增,达到较高水平。因此,应适当调节循环次数,在平台期前结束反应,这样将极大程度地减少非特异性产物。

本实验利用菌落PCR技术对上一个实验中获得的转入重组pMD18-T质粒的*E. coli* DH5α转化子进行进一步的筛选。菌落PCR(colony PCR)是直接以转化菌的单个克隆为DNA模板,通过特异性引物或通用引物对插入载体中的目的基因进行快速扩增的方法。与传统的鉴定方法相比,菌落PCR可不必提取基因组DNA,而是直接以菌体热解后暴露的DNA为模板进行PCR扩增,省时省力,因其具有快速、经济、简便的特点而被广泛用于转化菌、特别是大量转化子的鉴定和筛选。

第二节 设备、材料及试剂

一、设备

移液器及吸头，PCR 小管，PCR 仪，台式高速离心机，超净工作台，琼脂糖凝胶电泳所需设备（电泳槽及电泳仪）。

二、材料

含有重组 pMD18-T 质粒的 *E. coli* DH5α 转化菌的平板，质粒 DNA 或提纯的基因组 DNA。

三、试剂

1. 10×PCR 反应缓冲液。
2. 4 种 dNTP 混合物：每种 10mmol/L。
3. 引物 1 和 2：20μmol/L。
4. Taq DNA 聚合酶（5U/μl）。
5. 其他试剂：矿物油（石蜡油），1%琼脂糖，5×TBE，酚∶氯仿∶异戊醇（25∶24∶1），无水乙醇和 70%乙醇。
6. AxyGEN 割胶回收试剂盒。

第三节 操作步骤

一、常规 PCR 反应

1. 在置于冰上的 PCR 管中依次加入下列试剂（根据需要调整总的 PCR 反应液的体积）：

去离子水	40.5μl
10×PCR 反应缓冲液（已加入 $MgCl_2$）	5μl
模版 DNA（质粒 DNA、基因组 DNA 等）	1μl
4 种 dNTP 的混合物	1μl
上游引物	1μl
下游引物	1μl
Taq DNA 聚合酶（约 2.5U）	0.5μl

混匀后离心 5s。

2. 以不加入任何模板的 PCR 反应液作为阴性对照，以加入外源 DNA 片段作为模板的 PCR 反应液作为阳性对照。

3. 在 PCR 仪上设置反应参数。94℃预变性 2min，94℃变性 1min，50℃退火 1min，72℃延

伸 1min，30 轮循环，最后一轮循环结束后，于 72℃下延伸 10min。设置热盖。

二、菌落 PCR

1. 在置于冰上的 PCR 管中依次加入下列试剂（根据需要调整总的 PCR 反应液的体积）：

去离子水	41.5μl
10×PCR 反应缓冲液（已加入 $MgCl_2$）	5μl
4 种 dNTP 的混合物	1μl
上游引物（引物 1）	1μl
下游引物（引物 2）	1μl
Taq DNA 聚合酶（约 2.5U）	0.5μl

混匀后离心 5s。

2. 将 PCR 反应液分装到各个 PCR 管（25μl/管）。

3. 在超净工作台中用枪头从平板上的白色单菌落上挑取少量菌体，在 PCR 反应液中轻轻吹打。

4. 以不加入任何模板的 PCR 反应液作为阴性对照，以加入外源 DNA 片段作为模板的 PCR 反应液作为阳性对照。

5. 在 PCR 仪上设置反应参数。94℃预变性 2min，94℃变性 1min，50℃退火 1min，72℃延伸 1min，30 轮循环，最后一轮循环结束后，于 72℃下延伸 10min。设置热盖。

三、电泳

取 10μl 扩增产物用 1％琼脂糖凝胶进行电泳分析，检查反应产物及长度。

四、PCR 产物的纯化

扩增的 PCR 产物如利用 T-Vector 进行克隆或用平末端或粘性末端连接，往往需要将产物纯化。

（一）酚/氯仿法

1. 取反应产物，加 100μl TE。

2. 加等体积氯仿混匀后用微型离心机 10000r/min 离心 15s，用移液器将上层水相吸至新的小管中。这样抽提一次，可除去覆盖在表面的矿物油（PCR 反应液中未加矿物油时该步可省略）。

3. 再用酚：氯仿：异戊醇抽提 2 次，每次回收上层水相。

4. 在水相中加 300μl 95％乙醇，置－20℃下 30min 沉淀。

5. 在小离心机上 10000r/min 离心 10min，吸净上清液。加入 1ml 70％乙醇，稍离心后，吸净上清液，重复洗涤沉淀 2 次。将沉淀溶于 7ml ddH_2O 中，待用。

（二）割胶回收

用 AxyGEN 割胶回收试剂盒从琼脂糖凝胶中回收目的 DNA 片段，步骤如下：

1. 在紫外灯下用一锋利刀片从凝胶中割取目的片段带，测定质量（mg）。

2. 加入 3 倍胶体积（mg/μl）的 Buffer DE-A 缓冲液。

3. 悬浮均匀后于 75℃加热，每隔 2～3min 混合一次，直至凝胶块完全融化（约 6～8min）。

4. 按 Buffer DE-A 体积的 50% 加入 Buffer DE-B，混合均匀。当回收的 DNA 片段小于 500bp 时，加入 1 倍胶体积的异丙醇，混匀。

5. 将以上样品转至 DNA-prep Tube 离心柱，离心柱置于 2ml 收集管上，12000r/min 离心 1min，弃滤液。

6. 用 500μl Buffer W1 洗柱，12000r/min 离心 1min，弃滤液。

7. 用 700μl 已加无水乙醇的 Buffer W2 洗柱，12000r/min 离心 1min，弃滤液，用同样的方法再用 700μl Buffer W2 洗涤 1 次。

8. 将 DNA-prep Tube 置于 1.5ml 离心管中，12000r/min 离心 1min，以彻底去除 Buffer W2。

9. 将 DNA-prep Tube 置于另一洁净的 1.5ml 离心管中，在 Silica 膜中央加 25～30μl Eluent 以溶解柱中 DNA，室温静置 1min，12000r/min 离心 1min，收集离心液即为 DNA 溶液。

五、注意事项

1. PCR 非常灵敏，操作应尽可能在无菌操作台中进行。

2. 枪头、离心管应高压灭菌，每次枪头用毕应及时更换，不要互相污染试剂。

3. 加试剂前，应短促离心 10s，然后再打开管盖，以防手套污染试剂及管壁上的试剂污染枪头侧面。

4. 应设含除模板 DNA 外所有其他 PCR 成分的阴性对照和阳性对照。

5. 分析 PCR 中几个常见问题的可能原因：

(1)无扩增产物：阳性对照有条带，而样品则无。可能的原因：模板含有抑制物，模板含量低；引物设计不当或者发生降解；退火温度太高，延伸时间太短。

(2)非特异性扩增：PCR 扩增后出现的条带与预计的大小不一致，或者同时出现特异性扩增条带与非特异性扩增条带。可能的原因：引物特异性差；模板或引物浓度过高；酶量过多；Mg^{2+} 浓度偏高；退火温度偏低；循环次数过多。

(3)假阳性：空白对照出现目的条带。可能的原因：靶序列或扩增产物的交叉污染。

第七章　基因组 DNA 的提取

第一节　概　述

DNA 贮存了生物体所有蛋白质和 RNA 结构的全部遗传信息，引导生物体的遗传变异和发育调控。基因组 DNA 的提取是研究不同生物的基因组结构和功能、分子标记、基因图谱、基因组文库构建、遗传多态性分析、基因重组、基因分离及 DNA 印迹杂交分析的前提。

不同生物（植物、动物、微生物）的基因组 DNA 的提取难易程度不同。对于低等生物，如从病毒中提取 DNA 比较容易，因为多数病毒 DNA 相对分子质量较小，提取时易保持其结构完整性。而从细菌、高等动植物中提取 DNA 难度较大，在提取过程中，染色体会发生机械断裂，产生大小不同的片段，因此分离基因组 DNA 时应尽量在温和的条件下操作，如尽量减少酚/氯仿抽提、混匀过程要轻缓，以保证得到较长的 DNA。为了研究 DNA 分子在生命代谢中的作用，常常需要从同一生物的不同部位提取 DNA，由于 DNA 分子在生物体内的分布及含量不同，所以要选择适当的材料提取 DNA。在提取某种特殊组织的 DNA 时必须参照文献和经验建立相应的提取方法，以获得可用的 DNA 大分子。特别是组织中的多糖和酚类物质对之后的酶切、PCR 反应等有较强的抑制作用，因此提取富含这类物质的基因组 DNA 时，应考虑除去多糖和酚类物质。

DNA 提取基本步骤可分为：①细胞破碎；②去除蛋白质、酚类等细胞内杂质；③纯化 DNA。DNA 提取方法主要包括浓盐法、离子去污剂法、苯酚抽提法、水抽提法及 CTAB 法，CTAB 法是目前最常用的方法。CTAB 法提取基因组的原理为：CTAB（十六烷基三甲基溴化铵）是一种阳离子表面活性剂，能溶解细胞膜和核膜蛋白，使核蛋白解聚，且 CTAB 与 DNA 可形成溶于高盐溶液的复合物，从而使 DNA 游离出来。再加入苯酚/氯仿等有机溶剂时，蛋白质变性，并使抽提液分相，经离心后 DNA 位于上层水相，细胞碎片和蛋白质位于下层有机相。吸取水相，低盐条件下 DNA 从 CTAB-DNA 复合物中析出，加入异丙醇或无水乙醇沉淀 DNA，DNA 溶解于水，即得基因组 DNA 溶液。

第二节　从植物组织提取基因组 DNA

一、设备

水浴锅、高速冷冻离心机、1μl～1ml 移液器、研钵、研棒等。

二、材料

番茄、烟草、水稻等植物嫩叶。

三、试剂

1. 1mol/L pH 8.0 Tris·Cl：121g Tris 碱溶于 800ml ddH_2O，浓盐酸调 pH 至 8.0，补 ddH_2O 定容至 1000ml，高压灭菌。

注意：Tris 缓冲液的 pH 值随温度变化较大，每 1℃可引起大约 0.028pH 单位的变化。Tris 缓冲液的 pH 值应调校至待用温度下的 pH 值。

2. 0.5mol/L pH 8.0 EDTA(乙二胺四乙酸)：29.22g EDTA 溶于 140ml 水中，用固体 NaOH 调 pH 至 8.0，补 ddH_2O 定容至 200ml，高压灭菌。

3. CTAB 抽提液：CTAB 20g、NaCl 82g 溶于 700ml 水中，100mmol/L Tris·Cl(pH 8.0)，20mmol/L EDTA(pH 8.0)，补 ddH_2O 定容至 1000ml，高压灭菌。

4. CTAB/NaCl(10% CTAB，0.7mol/L NaCl)：CTAB 20g，NaCl 8.2g，加入 160ml ddH_2O，加热至 65℃溶解，补 ddH_2O 定容至 200ml，高压灭菌。

注意：此溶液很黏稠，使用时需加热至 65℃。

5. CTAB 沉淀液(pH 8.0)：CTAB 10g，50mmol/L Tris·Cl(pH 8.0)，10mmol/L EDTA (pH 8.0)，补 ddH_2O 定容至 1000ml，高压灭菌。

6. 3mol/L NaAc(pH 5.2)：NaAc·$3H_2O$ 81.62g 溶于 160ml ddH_2O 中，用冰醋酸调 pH 至 5.2，补 ddH_2O 定容至 200ml，高压灭菌。

7. 高盐 TE Buffer(pH 8.0)：NaCl 58.5g，10mmol/L Tris·Cl(pH 8.0)，0.1mmol/L EDTA(pH 8.0)，补 ddH_2O 定容至 1000ml，高压灭菌。

8. 24∶1 氯仿(三氯甲烷)/异戊醇：按 24∶1 的比例加入氯仿和异戊醇，如氯仿 48ml，异戊醇 2ml，置于棕色瓶中保存。

9. 75%乙醇：无水乙醇 75ml，补 ddH_2O 定容至 100ml。

10. 其他试剂：液氮、β-巯基乙醇、异丙醇。

四、操作步骤

1. CTAB 抽提液 65℃预热，异丙醇 −20℃预冷。

2. 称取新鲜叶片 1g，加液氮研磨，液氮共加 3～4 次。

3. 液氮充分研磨后，立即加入预热的 CTAB 抽提液，每克叶片加入 8ml CTAB 抽提液，再加入 160μl β-巯基乙醇(终浓度 2%(V/V))。CTAB 抽提液稍溶化后，用研棒将 CTAB 抽提液与磨碎的样品混匀，转入 50ml 离心管。

4. 65℃水浴锅温浴 1h，每 10～20min 摇动一次离心管。同时，65℃预热 CATB/NaCl。

5. 加入等体积(约 8ml)24∶1 的氯仿/异戊醇抽提。

6. 离心管在天平上用氯仿/异戊醇平衡后，4℃ 10000r/min 离心 5min。

7. 回收水相，将上清(约 8ml)小心地转入另一 50ml 离心管中。

8. 加入 1/10 体积(800μl)、65℃预热的 CTAB/NaCl，混匀。CTAB/NaCl 较黏稠，可将枪尖剪去后吸取。

9. 加入等体积(8ml)氯仿/异戊醇二次抽提。

10. 氯仿/异戊醇平衡离心管后,4℃ 10000r/min 离心 5min。

11. 回收水相,将上清小心地转入另一 50ml 离心管(约 8ml)。

12. 加入 1/10 体积(800μl)3mol/L NaAc,混匀。

13. 加入等体积(8ml)－20℃预冷的异丙醇,－20℃放置 1h。

14. 平衡后 4℃ 12000r/min 离心 15min。

15. 弃上清,2ml 75%乙醇洗涤沉淀 1 次。

16. 12000r/min 离心 2min,轻轻地倒出 75%乙醇,用干净的枪尖将块状 DNA 从 50ml 离心管转移至 1.5ml 离心管。

17. 将 1.5ml 离心管反扣在干净的吸水纸上将乙醇吸干。

18. 37℃烘干 5～10min。

19. 加入 200～500μl TE 溶解,如 DNA 难溶,可 37℃水浴数分钟。

20. 加入 5μl RNAase(10μg/μL)混匀,37℃水浴消化 30min(所提 DNA 可用于 Southern 杂交,如仅用于 PCR 扩增,此步骤可省)。

21. 取 1～5μl 在 0.8% agarose 胶上电泳,检测 DNA 的分子大小及纯度,－20℃冰箱保存基因组 DNA。

五、注意事项

1. 研磨时应注意防止液氮冻伤,戴上棉纱手套,再套上 PE 手套。

2. 新鲜的植物嫩叶较易磨碎,加液氮 3～4 次;杂草样品特别是不新鲜的杂草样品常较难磨,加液氮 4～5 次。一般加液氮 4 次即可。

3. 加液氮时动作轻柔,否则液氮会将样品冲出而造成样品损失。

4. 磨样过程中,样品不能溶化,样品研磨得越细越好。

5. 每换一个新样品,要换一次 PE 手套。

6. 尽量取幼嫩叶片,如叶片太老,酚类物质多,必须用β-巯基乙醇处理。

7. 65℃水浴锅温浴时,离心管盖子应轻轻搭在管口,千万不能盖紧,以防加热使盖子冲出,最好离心管壁和盖子同时做好标记。

8. 氯仿/异戊醇有毒,应戴上 PE 手套操作且保持室内通风。

9. 1ml 移液枪吸取氯仿/异戊醇时,应缓吸缓放,严禁枪头朝上以防氯仿/异戊醇倒灌进枪管而腐蚀枪杆。

10. 加入氯仿/异戊醇,盖紧盖子,按紧离心管两端,上下颠倒 4～6 次,松手后立即打开盖子,防止管内液体冲出。

11. 用移液枪转移水相时应细致耐心,不要吸入下层杂质。

12. DNA 烘干过程中应注意观察,以 DNA 较饱满且四周见不到明显的水滴为宜,如 DNA 呈纸状贴在管壁上,则烘干过分,会造成 DNA 难以溶解。

第三节 从动物组织提取基因组 DNA

一、设备

1μl～1ml 移液器、高速冷冻离心机、台式离心机、水浴锅。

二、材料

哺乳动物新鲜组织。

三、试剂

1. 分离缓冲液：10mmol/L Tris·Cl(pH 7.4)，10mmol/L NaCl，25mmol/L EDTA。
2. 其他试剂：10% SDS，蛋白酶 K(20mg/ml 或粉剂)，乙醚，酚-氯仿-异戊醇(25∶24∶1)，无水乙醇及 70%乙醇，5mol/L NaCl，3mol/L NaAc，TE。

四、操作步骤

1. 切取组织 1g 左右，剔除结缔组织，吸水纸吸干血液，剪碎(越细越好)放入预冷的研钵。
2. 倒入液氮，磨成粉末，加 12ml 分离缓冲液悬浮，转入 50ml 离心管。
3. 加 1ml 10% SDS，混匀，此时样品变得很黏稠。
4. 加 50μl 或 1mg 蛋白酶 K，37℃保温 1～2h，直到组织完全解体。
5. 加 1ml 5mol/L NaCl，混匀，5000r/min 离心数秒钟。
6. 取上清液于新离心管，用等体积酚-氯仿-异戊醇(25∶24∶1)抽提。待分层后，3000r/min 离心 5min。
7. 取上层水相至干净离心管，加 2 倍体积乙醚抽提(在通风情况下操作)。
8. 移去上层乙醚，保留下层水相。
9. 加 1/10 体积 3mol/L NaAc，2 倍体积无水乙醇颠倒混合沉淀 DNA。室温下静止 10～20min，DNA 沉淀形成白色絮状物。
10. 用玻棒钩出 DNA 沉淀，70%乙醇中漂洗后在吸水纸上吸干，溶解于 1ml TE 中，－20℃保存。
11. 如果 DNA 溶液中有不溶解颗粒，可 5000r/min 短暂离心，取上清。
12. 如要除去其中的 RNA，可加 5μl RNaseA(10μg/μl)，37℃保温 30min，用酚抽提后，按步骤 9～10 重沉淀 DNA。

第四节 细菌基因组 DNA 的制备

一、设备

1μl～1ml 移液器，高速冷冻离心机，分光光度计，水浴锅。

二、材料

细菌培养物。

三、试剂

CTAB/NaCl 溶液，氯仿-异戊醇(24∶1)，Tris 饱和酚，异丙醇，70%乙醇，无水乙醇，TE，10% SDS，3mol/L NaAc，蛋白酶 K(20mg/ml)，5mol/L NaCl(配方)，RNA 酶(20mg/ml)。

四、操作步骤

1. 挑取菌株的纯化菌落，用 LB 液体培养基培养至 OD_{600} =0.8，取 1ml 到 2ml 离心管，12000r/min 离心 1min 收集菌体。

2. 加 567μl TE(pH 8.0)缓冲液悬浮细胞，加 30μl 10% SDS 和 3μl 20mg/ml 蛋白酶 K，轻轻混匀，37℃水浴 1h。

3. 加 100μl 5mol/L NaCl 溶液混匀，加 80μl CTAB/NaCl 液轻轻混匀，65℃水浴 20min。

4. 800μl 氯仿-异戊醇(24∶1)，混匀后 12000r/min 离心 5min。

5. 将水相转移到新的离心管，加 0.6 倍体积的异丙醇，轻轻混匀，12000r/min 离心 15min。

6. 去上清，加 1ml 无水乙醇，轻混，12000r/min 离心 5min。

7. 去上清，无菌风吹干，加 200μl TE 溶液溶解沉淀(可在 50℃水浴条件下助溶)。

8. 加 1μl 20mg/ml RNA 酶，37℃水浴 2h。

9. 加 200μl Tris 饱和酚，混匀，12000r/min 离心 5min。

10. 取水相，加 200μl 氯仿-异戊醇(24∶1)(V/V)，混匀，12000r/min 离心 5min。

11. 取水相，加 20μl 3mol/L NaAc(pH 5.2)，混匀，加 2 倍体积的无水乙醇，轻轻混匀，12000r/min 离心 15min。

12. 去上清，加 1ml 70%乙醇，混匀，12000r/min 离心 5min。

13. 去上清，无菌风吹干，加 50～100μl TE 溶液溶解沉淀(可在 50℃水浴条件下助溶)。

第五节　真菌基因组 DNA 提取

一、设备

1μl～1ml 移液器，高速冷冻离心机，水浴锅。

二、材料

真菌菌丝培养物。

三、试剂

CATB 抽提液，氯仿-异戊醇(24∶1)，70%乙醇，3mol/L NaAc 溶液。

四、操作步骤

1. 把菌丝样品放入盛有 10～20ml 液氮的研钵中，快速反复研磨，使菌丝成粉末。
2. 把菌丝粉末移入 50ml 离心管中，加入 4ml 65℃的 CTAB 抽提液，混匀，盖上盖，65℃温育 30min，每隔 10min 颠倒混匀一次。
3. 加 3～4ml 氯仿-异戊醇(24∶1)，开盖，在通风柜中放 1～2min(放气)。
4. 盖上盖，在摇床上轻轻混合 15～20min。
5. 4000～5000r/min，4℃，离心 5min。
6. 仔细回收水(上)相于离心管中，水相再用 CIA 重复抽提一次。
7. 在水相中加入等体积的异丙醇，轻轻颠倒混匀数次。
8. 静置 5min，沉淀核酸。
9. 10000r/min，4℃，离心 10min(斜角离心)。
10. 轻轻倒出上清液，将离心管倒扣在滤纸上排干水分，约 5min。
11. 用 300μl ddH_2O 重悬沉淀。
12. 移入离心管，用 1/10 体积的 3mol/L NaAc 和 2 倍体积的无水乙醇重沉淀核酸。
13. －20℃静置 10min。13000r/min 离心 20min。
14. 用 70%乙醇洗一次，13000r/min 室温离心 5min。
15. 抽真空干燥，20～40min。
16. 加 5μl 20mg/ml RNase，用 25～100μl TE 溶解 DNA(室温，几小时)。注意：此时不能摇动，以免基因组 DNA 断裂。

第六节 基因组 DNA 的纯度鉴定

用上述方法提取的基因组 DNA 一般可以用作 Southern Blot、RFLP、PCR 等分析。由于所用材料的不同，得到的 DNA 产量及质量均不同。有时 DNA 中含有酚类和多糖类物质较多，会影响酶切和 PCR 的效果。所以获得的基因组 DNA 需要检测 DNA 的产量和质量。

基因组 DNA 纯度鉴定办法如下：

1. 测定 OD_{260}/OD_{280} 比值，明确 DNA 的产量和质量。取基因组 DNA 1μl，在分光光度计上检测 OD_{260}/OD_{280} 比值。核酸在 260nm 处有最大吸收峰，蛋白质在 280nm 处有最大吸收峰，盐和小分子在 230nm 处有最大吸收峰。OD_{260}/OD_{280} 的值在 1.6～1.8 之间，说明提取的 DNA 纯度比较高；$OD_{260}/OD_{280}<1.6$ 则说明蛋白质含量过高；$OD_{260}/OD_{280}>2.0$ 则说明样品中污染 RNA 或 DNA 降解。
2. 电泳检测：取 1～5μl 在 0.8%琼脂糖凝胶上电泳，检测 DNA 的分子大小。

第八章　动植物总 RNA 的提取

第一节　概　述

研究基因的表达和调控时需要从组织和细胞中分离和纯化 RNA。真核细胞的 RNA 主要有核糖体 RNA（rRNA，包括 28S rRNA、18S rRNA、5S rRNA，约占总 RNA 的 80%～85%），转运 RNA（tRNA，约占总 RNA 的 10%～15%）和信使 RNA（mRNA，约占总 RNA 的 1%～5%）组成。高纯度和完整的 RNA 是 Northern blot、cDNA 文库、RT-PCR 等下游分子生物学实验所必需的。

由于 RNA 分子的结构特点，RNA 容易受 RNA 酶（RNase）的攻击而降解，因而 RNA 提取的关键是尽量抑制 RNA 酶的活性。在提取的第一阶段必须尽快灭活细胞的 RNA 酶，一旦细胞内源的 RNA 酶被破坏，RNA 受损的可能性就大大降低。RNase 是一类生物活性极其稳定的酶类，能耐高温、耐酸、耐碱，高压灭菌处理也不能使其完全失活，且其活性无需辅助因子，但蛋白质变性剂可使其暂时失活。除细胞内源的 RNA 酶外，人的皮肤、手指、汗液、唾液、实验试剂和容器，甚至环境中的灰尘均存在 RNA 酶。

为防止 RNA 的污染，全部实验过程中均需戴手套操作并经常更换（使用一次性手套）。所用的玻璃器皿需置于干燥烘箱中 200℃烘烤 2h 以上。凡是不能用高温烘烤的材料如塑料容器等皆可用 0.1%焦碳酸二乙酯（DEPC）水溶液处理，灭菌后干燥待用。DEPC 是 RNA 酶的化学修饰剂，它和 RNA 酶的活性基团组氨酸的咪唑环反应而抑制酶活性。DEPC 与氨水溶液混合会产生致癌物，因而使用时需小心。试验所用试剂也可用 DEPC 处理，加入 DEPC 至 0.1%浓度处理 12h 以上，然后高压灭菌以消除残存的 DEPC（DEPC 会分解成水和 CO_2），否则 DEPC 也能和腺嘌呤作用而破坏 RNA 活性。由于 DEPC 能与胺和巯基反应，因而含 Tris 的试剂不能用 DEPC 处理。Tris 溶液可用 DEPC 处理的水配制然后高压灭菌。配制的溶液如不能高压灭菌，可用 DEPC 处理水配制，并尽可能使用未开封的试剂。所有沾染 DEPC 的液体或物品在使用、遗弃前要高温灭活处理。

Trizol 法是提取动植物总 RNA 最常用的方法。Trizol 试剂中的主要成分为异硫氰酸胍和苯酚，其中异硫氰酸胍是蛋白质强变性剂，可裂解细胞，促使核蛋白体的解离，并抑制 RNA 酶的活性；而苯酚可使核酸与蛋白质解聚，变性蛋白质并抑制 RNA 酶活力。当加入氯仿时，它可抽提酸性的苯酚，而酸性苯酚可促使 RNA 进入水相，离心后可形成水相层和有机层，这样 RNA 与仍留在有机相中的蛋白质和 DNA 分离开。异丙醇沉淀回收 RNA，即得总 RNA。

公司研发的总 RNA 提取试剂盒可快速有效地提取到高质量的总 RNA。分离的总 RNA 可利用 mRNA 3’末端含有 Poly(A)尾巴的特点，当 RNA 流经 Oligo(dT)纤维素柱时，在高盐缓冲液作用下 mRNA 被特异地吸附在 Oligo(dT)纤维素上，然后逐渐降低盐浓度洗脱，在低盐溶液或蒸馏水中 mRNA 被洗下。经过两次 Oligo(dT)纤维素柱,得到较纯的 mRNA。

第二节　设备、材料及试剂

一、设备

冷冻台式高速离心机,低温冰箱,冷冻真空干燥器,紫外检测仪,电泳仪,电泳槽,1μl～1ml 移液器,研钵,研棒。

二、材料

水稻、烟草等植物叶片或动物组织。

三、试剂

1. 液氮、Trizol、氯仿、异丙醇。

2. 无 RNA 酶灭菌水:用经高温烘烤的玻璃瓶(200℃高温烘烤 2h)装蒸馏水,然后加入 0.1% DEPC,处理过夜后高压灭菌。

3. 75%乙醇:用 DEPC 处理水配制 75%乙醇,用高温灭菌器皿配制,然后装入高温烘烤的玻璃瓶中,存放于低温冰箱中。

第三节　实验操作

一、Trizol 法提取动植物总 RNA 的基本步骤

1. 剪取动植物组织 0.1g,放在液氮中磨成粉末。将粉末转入离心管中,加 1ml Trizol 液,按住管盖用力摇动使其匀浆,室温下放置 5min,使其充分裂解(－20℃可保存几个月)。

2. 加入 200μl 氯仿,盖紧离心管,按住管盖剧烈摇荡 15s,于室温放置 2～3min。

3. 4℃,12000r/min 离心 15min,取上清液于一新离心管中,加入 600μl 异丙醇(与上清等体积),颠倒数次混匀;室温放置 10min;若蛋白含量过高,可重复上一步骤。

4. 4℃,12000r/min 离心 10min,去上清。

5. 加 1ml 75%酒精轻洗 RNA 沉淀,重复 1 次,若盐含量过高,可再重复一次。

6. 4℃,8000r/min 离心 5min,去上清,室温或真空干燥 10min。

7. 溶解在 20～30μl DEPC 处理的水中,可进行 mRNA 分离或直接用于 Northern blot 分析,RNA 保存于－70℃。

二、注意事项

1. 注意样品总体积不能超过所用 Trizol 体积的 10%,即 1ml Trizol 提的组织不能超过 100mg。

2. DEPC 为剧毒物，应小心地在通风柜中使用。

3. RNA 沉淀不要干燥过分，否则会降低 RNA 溶解度。

4. 在 RNA 溶于 DEPC 水时，可 55～60℃水浴 5min 后置冰上溶解数小时，也可反复冻融助溶。

5. 加氯仿前的匀浆液可在 -70℃保存一个月以上，RNA 沉淀在 70%乙醇中可在 4℃保存一周，-20℃保存一年。

6. 整个操作要戴口罩及一次性手套，尽量少说话，并尽可能在低温下快速操作。

三、如何处理 RNA 中的 DNA

在 RNA 抽提操作中，一般会有少量 DNA 的污染，对大部分下游实验没有大的影响(除 RT-PCR)。降低样品起始量或者增加溶液使用量，能将 DNA 的污染降低到电泳看不见的水平。残留的 DNA 是否影响后续实验，可以用下面的实验检测：

1. 以抽提好的 RNA 做模板进行 PCR 扩增：如果不出现目的条带，DNA 的残留无须去除。

2. 若出现目的条带，要使用 DNase Ⅰ 消化。用 RNase-Free 的 DNase Ⅰ 消化抽提的 RNA，可以彻底去除 RNA 中污染的 DNA。

四、RNA 纯度鉴定

1. 紫外分光光度计测定 RNA 的 OD_{260} 和 OD_{280} 值，以确定 RNA 的质量和含量。

OD 值检测 RNA 的质量：

理想的 RNA OD_{260}/OD_{280} 在 1.8～2.0 之间。若 $OD_{260}/OD_{280} \leqslant 1.8$，可能有蛋白污染，可以通过减少组织和细胞的用量来减少蛋白的量；若 $OD_{260}/OD_{230} \geqslant 2.2$，则表示盐分超标或 RNA 发生降解。

另外，RNA 的 OD_{260} 值可以计算 RNA 的浓度，计算公式为 RNA 浓度 $= OD_{260} \times 40 \times$ 稀释倍数 $\times 10^{-3}$ (μg/μl)

2. RNA 甲醛琼脂糖凝胶变性电泳，检测 RNA 的完整性。

一般取 1μl RNA 进行甲醛琼脂糖凝胶变性电泳，具体步骤见“电泳”章节。电泳主要是检测 28S 和 18S 条带的完整性和它们的比值。如果 28S 和 18S 条带明亮、清晰、条带锐利(指条带的边缘清晰)，并且 28S 的亮度在 18S 条带的两倍以上，我们认为 RNA 的质量为好；若 28S 和 18S 条带的亮度相当，对大部分实验也是可以接受的。

第九章 RT-PCR 技术

第一节 概 述

反转录 PCR(Reverse transcription PCR,RT-PCR)是一种从 RNA 反转录成互补 cDNA,再以此为模板通过 PCR 进行 DNA 扩增的方法。它是一种将 RNA 反转录(Reverse Transcription,RT)成 cDNA 与 cDNA 的聚合酶链式扩增(PCR)相结合,分析基因表达的快速灵敏的技术。首先,以 RNA 为模板,在反转录酶的作用下,合成互补的 DNA 链(cDNA),再以 cDNA 为模板,通过 PCR 扩增合成目的片段。RT-PCR 技术灵敏而且用途广泛,可用于检测细胞中基因表达水平,细胞中 RNA 病毒的含量和直接克隆特定基因的 cDNA 序列、分析基因的转录产物、合成 cDNA 探针、构建 RNA 高效转录系统等。反转录反应中作为模板的 RNA 样品可以是总 RNA、mRNA 或体外转录的 RNA 产物,但要确保 RNA 中无 RNA 酶、基因组 DNA 和蛋白质的污染。在可获得的 mRNA 丰度低或目的基因表达水平很低时尤其适用 RT-PCR 方法来分析。

目前,应用最广泛的反转录酶(Reverse Transcriptase,RTase)有禽类成髓细胞白血病病毒(Avian Myeloblastosis Virus,AMV)反转录酶(AMV RT)、莫洛尼鼠白血病病毒(Moloney Murine L:Leukemin Virus, MMLV)反转录酶(MMLV RT)及其改造重组体 MMLV(RNase H^-)。AMV 反转录酶由两条肽链组成,具有依赖于 RNA 及 DNA 的 DNA 合成活性和对 DNA∶RNA 杂交体的 RNA 部分进行内切降解的 RNase H 活性;最适温度为 42℃,最适 pH 为 8.3。MMLV 反转录酶由一条肽链组成,具有依赖于 RNA 及 DNA 的 DNA 合成活性和较弱的 RNase H 活性;在 42℃下很快失活,最适温度为 37℃,最适 pH 为 7.6。AMV RT 具有反转录活性高、最适反应温度较高(41～50℃)的特点,可以较好地克服由于模板 RNA 二级结构造成的反转录困难问题,然而由于 AMV RT 的 RNase H 活性高,易降解 cDNA-RNA 复合物中的 RNA 链,导致合成的 cDNA 片段偏短,一般为 1kb 左右。MMLV RT 的 RNase H 活性较低,合成的 cDNA 可达 3～4kb,比较适宜全长 cDNA 的合成。但 MMLV RT 扩增效率较低,最适反应温度在 37℃左右,故对于具有复杂二级结构的 RNA 模板逆转录效果不佳。经过定点突变的 MMLV RT(RNase H^-),基本上消除了 RNase H 酶活性,并将酶的最适反应温度提高到 42℃,大大提高了 cDNA 链的延伸性和产率,更适合于完整基因的获得。目前许多公司可提供 AMV 或 MMLV-cDNA 合成试剂盒。

RT-PCR 中,常用的引物有 Oligo(dT)、随机引物(Random Hexamer)和基因特异性引物(Gene-specific primer)。Oligo(dT)引物能与 mRNA 的 Poly(A)尾巴结合,适用于具有 Poly(A)尾巴的真核生物 mRNA,对无 Poly(A)尾巴的原核生物的 RNA、真核生物的 rRNA、tRNA 以及某些种类的真核生物的 mRNA 不适用。由于 Oligo(dT)要结合到 Poly(A)尾巴上,所以对

RNA 模板的质量要求很高，即使模板有少量降解也会影响全长 cDNA 的合成量。随机引物适用于任何类型的 RNA 模板，可适用于长的或具有发夹结构的 RNA，适用于 rRNA、mRNA、tRNA 等所有 RNA 的反转录反应，但由于特异性低，主要用于单一模板的 RT-PCR 反应。基因特异性引物是根据模板序列设计的互补引物，特异性好，但仅适用于目的序列已知的情况。若用随机引物和 Oligo(dT)引物进行 RT-PCR，理论上将会扩增出所有的 cDNA，因此还需用特异性引物进行进一步扩增。对于短的不具有发夹结构的真核细胞 mRNA，三种引物都可采用。

RT-PCR 包括一步法和两步法 RT-PCR。一步法 RT-PCR 是利用同一缓冲液，在同一体系中加入逆转录酶、引物、Taq 酶、4 种 dNTP，直接进行 mRNA 反转录与 PCR 扩增。Taq 酶不仅具有 DNA 多聚酶的作用，而且具有反转录酶活性，可利用其双重作用在同一体系中直接以 mRNA 为模板进行反转录和其后 PCR 扩增，从而使 mRNA 的 PCR 步骤更为简化，所需样品量减少到最低限度。理论上一步法 RT-PCR 可检测出总 RNA 中小于 1ng 的低丰度 mRNA，该法可用于低丰度 mRNA 的 cDNA 文库的构建及特异 cDNA 的克隆。

由于一步法 RT-PCR 中 RT 和 PCR 都不能在最佳条件下进行，并且容易相互干扰，只在特异引物扩增较短的基因及定量 PCR 时适用。两步法 RT-PCR 则是将 RT 和 PCR 分别进行，这样使得两个反应充分发挥各自的特点，更为灵活而且严谨，适合 GC 含量高、二级结构程度高的模板或者是未知模板，以及多个基因 RT-PCR。下面详细介绍两步法 RT-PCR。

第二节　两步法 RT-PCR

一、设备

1μl～1ml 移液器、冷冻离心机、DNA 扩增仪、电泳槽及电泳仪、制冰机、水浴锅。

二、材料

不同来源的模板 RNA。

三、试剂

1. 10×PCR 缓冲液(含 25mmol/L Mg^{2+})。
2. 5×MMLV 缓冲液。
3. 4 种 dNTP 混合物：每种 10mmol/L。
4. 上游引物和下游引物：10μmol/L。
5. MMLV 酶(200U/μl)。
6. RNA 酶抑制剂(20U/μl)。
7. Taq DNA 聚合酶(5U/μl)。
8. DEPC 水。
9. 琼脂糖。

四、操作步骤

1. DEPC 处理的离心管中加入：RNA 0.1～5μg，下游引物 1μl，DEPC H_2O 至总体积

12μl,轻轻混匀,稍离心。

2. 65℃水浴 5min(RNA 的发夹结构变线性),立即置于冰上 5min,防止 RNA 退火再恢复二级结构。

3. 离心管置于冰上,依次加入 5×MMLV 缓冲液 4μl,RNA 酶抑制剂(20U/μl)1μl,10mmol/L dNTP 2μl,MMLV 酶(200U/μl)1μl(终体积为 20μl),轻轻混匀,稍离心。

4. 42℃反转录 1h。

5. 70℃ 5min 灭活反转录酶。

6. 取 1～2μl cDNA 作为模板,进行常规 PCR 反应。

7. 取一 0.5ml PCR 薄壁管,依次加入以下试剂:

模板 cDNA	2μl
10×反应缓冲液(含 Mg^{2+})	5μl
dNTP 混合物,10mmol/L	1μl
上游引物,10μmol/L	2μl
下游引物,10μmol/L	2μl
Taq plus polymerse	0.5μl
ddH_2O	至终体积为 50μl

8. PCR 反应参数:

94℃预变性 2min 后开始以下循环反应:
94℃变性 30s
45～55℃退火 45s
72℃延伸 1min
30 个循环后 72℃继续延伸 10min,16℃冷却。

9. 取 10μl 扩增产物,采用 1.0%琼脂糖凝胶电泳,分析 PCR 产物的产量、特异性及长度。

五、注意事项

1. RNA 模板的纯度:作为模板的 RNA 分子必须是高纯度的,并且不含 DNA、蛋白和其他杂质。RNA 中即使含有最微量的 DNA,经扩增后也会出现非特异性扩增;蛋白若未去干净,与 RNA 结合后会影响反转录和 PCR;另外,残留的 RNase 极易将模板 RNA 降解掉。

2. PCR 条件设定:退火温度可根据引物适当地提高或降低(45～60℃);延伸时间根据目的序列长度而调整。cDNA 量较少时,循环次数可增加为 40 次。

3. 使用酶类时,应轻轻混匀,避免起泡;分取前要小心地离心聚集到反应管底部;由于酶保存液中含有 50%的甘油,黏度高,分取时应慢慢吸取。酶制品应在临用时才从－20℃中取出,使用后立即放回－20℃中保存。

4. 设计 RT-PCR 实验方案时,应至少包括阴性对照。阴性对照是指样品在 RT-PCR 时不加反转录所必需的试剂,不经 RT 而直接进行 PCR 反应。如果电泳中检测到条带,说明起始的 RNA 模板中污染有 DNA,则 RNA 模板需用 DNase 消化。理想的阳性对照由一种已知量的合成 RNA 体外反转录为一种克隆化的发生突变的靶 DNA 的一个片段组成,这种精准的阳性对照需要相当大的工作量,研究者往往忽略。

第十章　蛋白质的 SDS-PAGE 电泳及 Western blot 分析

第一节　概　述

基因操作过程中经克隆的基因若想进一步研究其功能及所翻译蛋白质的生物活性等，则常要进行蛋白质 SDS-PAGE 电泳及 Western blot 分析。通过这两种技术能解决如下问题：到底样品有多少蛋白质存在？蛋白质的纯度如何？蛋白质由多少亚基组成？如何分离目的蛋白？目的蛋白是否表达及其表达丰度怎样？

结合 SDS-PAGE 电泳分离的分析结果，对于由单一亚基组成的蛋白质，变性条件下单向凝胶电泳的单一条带可表明蛋白质的纯度，如果是由多个不同亚基组成的蛋白质，其纯度可由非变性条件下凝胶电泳的单一条带来反映。一旦蛋白质的纯度被确证，就可以通过与标准蛋白质比较来估计相对分子质量，测定它的亚基成分大小。

蛋白质的聚丙烯酰胺凝胶电泳是蛋白质分析过程中最常用的技术，通常在电泳分离时，其迁移率主要取决于蛋白质本身所带的电荷多少、相对分子质量大小和形态。但如在凝胶中加入阴离子去污剂 SDS，SDS 将蛋白质的二硫键、氢键及疏水键打开，使蛋白质变性，且 SDS 将包裹在变性蛋白表面，使蛋白质成为刚性分子；同时，由于 SDS 带有大量负电荷，使蛋白质本身带有的电荷可忽略。因此，不同蛋白质分子的迁移率主要决定于蛋白质分子的大小，即利用 SDS-PAGE 可测定蛋白质的相对分子质量。

Western blot 是 20 世纪 70 年代末和 80 年代初，在蛋白质凝胶电泳和固相免疫测定的基础上发展起来的一种广泛应用于蛋白质检测的分子生物学技术。它是将蛋白质凝胶电泳、印迹、免疫测定融为一体的特异性蛋白质检测手段，与 Southern blot、Northern blot 杂交方法类似，但 Western blot 被检测对象是蛋白质，“探针”是抗体，它具有直观、特异、灵敏（可达 pg 级）的优点，并可进行蛋白质的定性及半定量分析。

Western blot 实验原理：蛋白质混合样品经 SDS-PAGE 电泳后使蛋白质按分子大小分离，将分离的各蛋白质条带（其中含有待检测的目的蛋白）原位转移到固相载体硝酸纤维素膜（NC）或 PVDF 膜上，用含无关蛋白质封闭液（如 BSA）封闭膜的空位点，加入抗目的蛋白的抗体（即一抗）时膜上的目的蛋白与一抗发生特异性的免疫结合反应，再加入能与一抗发生免疫结合反应的酶标记二抗（即酶标抗抗体），最后通过二抗上标记酶的酶促反应进行目的蛋白的检测分析，即根据底物显色的颜色有无及深浅（或发光有无及发光强弱）来探测膜上印迹蛋白抗原的存在与否及含量多少，从而进行定性、半定量检测目的蛋白。

蛋白质从凝胶原位转印至膜有两种方法，即湿转印法和半干转印法。湿转印法和半干转印法是两种不同的转移装置下的转移系统，将滤纸-凝胶-膜-滤纸整个组合完全浸入有铂丝电极的转移缓冲液中的蛋白原位电转移体系，叫湿转法，也叫湿转印法、槽式转移印迹法；将因吸入转移缓冲液而湿润的凝胶-膜放在吸有转移缓冲液的滤纸之间，即滤纸-凝胶-膜-滤纸组合置于2个平板电极之间进行蛋白原位电转移的体系叫半干转印法。

Western blot 实验所需酶标二抗的酶及其底物：

辣根过氧化合酶(HRP)来源于植物，用于动物性样品的检测，目的是消除样品中内源性酶的干扰，降低背景。

HRP 酶的底物显色液：

1. 4-氯-1-萘酚溶液：6mg 4-氯-1-萘酚先溶于 2ml 无水乙醇，加 10ml 0.02mol/L PBS(pH 7.4)，加 7μl 30% H_2O_2。

2. 3,3'-二氨基联苯胺盐酸盐(DAB)溶液：25mg DAB，50ml 0.05mol/L TB(pH 7.6)，18μl 30% H_2O_2。

3. 3,3',5,5'-四甲基联苯胺(TMB) Western blot 显色底物：Promega 公司产品。

碱性磷酸酯酶(AP)来源于动物牛小肠，目前也有细菌表达的产物，用于植物性样品的检测，目的是消除样品中内源性酶的干扰，降低背景。

AP 酶的底物：氮蓝四唑/5-溴-4-氯吲哚磷酸(NBT 和 BCIP)。储备液(浓度均为 50mg/ml)，将 NBT 溶于 70%二甲基甲酰胺中，BCIP 溶于 100%二甲基甲酰胺中(已商品化)。10ml 显色缓冲液(100mmol/L Tris · Cl，100mmol/L NaCl，5mmol/L $MgCl_2$，pH 9.5)中加入上述 66μl NBT 和 33μl BCIP 储备液。

ECL 化学发光试剂盒使用化学发光系统进行 Western blot 实验的蛋白检测，其检测灵敏度非常高，背景极低。其底物是一种高灵敏度增强型底物，用于检测免疫印迹中的辣根过氧化物酶，这种底物能产生强烈的发光信号，可检测到 fg 数量级的蛋白。此外，需要充分稀释一抗和二抗，抗体供给不足对实验是有益的。检测灵敏度超过上述化学生色底物 100 倍以上。本发光系统完全适用于硝酸纤维素膜和专用 ECL 发光底物的 PVDF 膜，可以在胶片上重复多次曝光膜以得到最佳结果，现有专门的仪器可感光记录结果。

第二节　设备、材料及试剂

一、设备

蛋白电泳仪，水平摇床，蛋白半干转移仪或蛋白槽式转移仪，X 光胶片，塑料薄膜，暗盒及暗室，或直接感光成像的感光仪器等。

二、材料

待分析的蛋白样品及其阳性对照和阴性对照，蛋白相对分子质量 Marker，硝酸纤维素膜或 PVDF 膜。

三、试剂

1. 30%丙烯酰胺和甲叉双丙烯酰胺单体溶液(Acr 和 Bis)：称取 30g 丙烯酰胺，0.8g 甲叉双丙烯酰胺，加水至 100ml，过滤后存于棕色瓶中，于 4℃保存。

2. 4×分离胶缓冲液：称取 18. 17g Tris，加入 10% SDS 4ml，用浓盐酸调 pH 至 8. 8，定容至 100ml。

3. 4×浓缩胶缓冲液：称取 6. 06g Tris，加入 10% SDS 4ml，用浓盐酸调 pH 至 6. 8，定容至 100ml。

4. 10%过硫酸铵：称取过硫酸铵 0. 1g 于 1. 5ml 离心管中，加双蒸水至 1ml。使用不超过一周。

5. 10×电泳缓冲液：称取 30g Tris，144g 甘氨酸，加入 10% SDS 100ml，定容至 1000ml。

6. 2×上样缓冲液：称取 2g 蔗糖（或甘油 2ml），加入 10% SDS 2ml，0. 25mg 溴酚蓝，2. 5ml 浓缩胶缓冲液、0. 5ml β-巯基乙醇，加双蒸水定容至 10ml。

5×上样缓冲液：0. 225mol/L Tris · Cl（pH 6. 8），50%甘油，5% SDS，0. 05%溴酚蓝，0. 25mol/L DTT（DL-Dithiothreitol，二硫苏糖醇）。

7. 染色液：称取 2. 5g 考马斯亮蓝 R-250，加入甲醇 450ml，冰醋酸 100ml，双蒸水 650ml。

8. 脱色液：无水乙醇 300ml，冰醋酸 100ml，双蒸水 600ml。

9. 硝酸纤维素膜或 PVDF 膜。

10. 第一抗体：根据研究的目标自制，应预先测定其效价。常用的为兔源抗体或鼠源抗体。

11. 碱性磷酸酶标记的第二抗体（工作浓度 1∶5000），根据使用的第一抗体选择，如第一抗体为兔抗体，则可使用羊抗兔抗体，若为鼠抗体，则可使用羊抗鼠抗体，也可选用其他抗兔或抗鼠的抗体。

12. Western blot 转移缓冲液：48mmol/L Tris · Cl，20% 甲醇，39mmol/L 甘氨酸，0. 037% SDS，pH 8. 3。

13. TBS 缓冲液：20mmol/L Tris · Cl，150mmol/L NaCl，pH 7. 5（TBS 可以用 10mmol/L PBS，pH 7. 4 代替）。

14. TBST 缓冲液，TBS 缓冲液加 0. 05%吐温 20（V/V）。

15. 封闭缓冲液：100ml PBST 缓冲液中加 5g 脱脂奶粉。

16. AP 酶显色缓冲液：100mmol/L Tris · Cl，100mmol/L NaCl，5mmol/L $MgCl_2$，pH 9. 5。

17. NBT 和 BCIP 储备液各 50mg/ml，Promega 公司产品。

18. ECL 化学发光试剂（商品化）：

成分	数量	储存
溶液 A	10ml	4℃
溶液 B	10ml	4℃

19. HRP 标记的羊抗鼠 IgG（或羊抗兔 IgG）二抗 100μl。

20. X 光胶片显影试剂（商品化）。

21. 凝胶固定液：80ml 甲醇，100ml 37%甲醛，去离子水定容至 200ml。

22. 0. 2g/L $Na_2S_2O_3$：0. 202g $Na_2S_2O_3$ 溶于 100ml dH_2O。

23. 0. 1% $AgNO_3$。

24. $Na_2S_2O_3$ 显影液：1. 5g Na_2CO_3（3%，W/V），4ml 0. 2g/L $Na_2S_2O_3$，定容至 50ml，使用

前加入 250ml 甲醛。

25. 2. 3mol/L 柠檬酸:2. 415g 柠檬酸溶于 5ml 水中。

第三节　操作步骤

一、蛋白的 SDS-PAGE

1. 分离胶的制备:

(1)根据所分离蛋白质的相对分子质量选择分离胶的浓度,制备不同浓度的凝胶所需的储备液可参考表 10-1,该配方可配制 0. 75mm 厚、10cm×7cm 的凝胶两块。在配制凝胶时,将水、30% Acr 和 Bis 储液、4×分离胶缓冲液混合完全后,加入过硫酸铵和 TEMED,混匀后立即准备灌制凝胶。

表 10-1　制备不同浓度的凝胶所需储备液体积

成　分	不同浓度所需的储备液体积				
	8. 5%	10%	12. 5%	15%	17. 5%
dH_2O	3. 5ml	3. 1ml	2. 5ml	1. 8ml	1. 2ml
30% Acr 和 Bis	2. 0ml	2. 4ml	3. 0ml	3. 7ml	4. 3ml
分离胶 4×缓冲液	1. 9ml	1. 9ml	1. 9ml	1. 9ml	1. 9ml
10%过硫酸铵	112μl	112μl	112μl	112μl	112μl
TEMED	5μl	5μl	5μl	5μl	5μl

(2)将混合液充分混合后,缓慢地倒入已经固定在夹心垂直平板电泳槽里的狭槽中(注意在本操作过程中不能产生任何气泡),然后尽快地在分离胶的上面轻轻地覆盖一层去离子水。

(3)置于室温下 30～45min,使凝胶聚合完全,此时在水相和凝胶的交界处有一明显的亮线。倒去上层水相,后用滤纸吸干水,准备灌制浓缩胶。

2. 浓缩胶的制备:

(1)将 30%丙烯酰胺和甲叉双丙烯酰胺单体储备液 0. 6ml、浓缩胶缓冲液 888μl、去离子水 2ml、10%过硫酸铵 56μl、TEMED 10μl 混合均匀后立即灌胶。

(2)将浓缩胶慢慢地灌进狭槽中,然后将所需的样品梳(形成加样孔)插于夹心槽上部,并上下轻轻拉动梳子,小心地去除黏附在梳齿顶部的小气泡,待聚合完全后即可拔去梳子,准备电泳。

3. 样品制备及电泳:

(1)样品处理:蛋白质样品在上样电泳前需变性。通常是将样品蛋白质溶液与等体积的上样缓冲液混合后置于 Eppendorf 离心管中(如蛋白质溶液为 10μl,则加入 2×上样缓冲液 10μl),在离心管盖上用注射器的针头打 2～3 孔,将混合物置于 100℃煮 5～10min,立即置于冰上冷却 5min 后加样,如是原核表达的样品,离心去上清后,加入 1×上样缓冲液,悬浮沉淀,100℃煮 5min,12000r/min 离心 3min 后取上清点样。也可以将蛋白质和上样缓冲液的混合液于－20℃以下储存,以便再次分析时使用。

(2)上样：先将样品梳移去，用去离子水淋洗每个样品孔，然后在样品孔中加入电泳缓冲液，同时在电泳槽中也加满电泳缓冲液。处理完毕后，根据实验的需要加样。

(3)电泳：通常使用稳压的方式进行电泳，电压一般为 60～90V，待溴酚蓝带移至凝胶底部即可结束电泳(约需 2～3h)。

4. 凝胶的染色与脱色：

蛋白经 SDS-PAGE 后即可进行染色分析，也可进行 Western blot 分析。

电泳完毕后，倒去电泳缓冲液，取出夹心槽。小心地取出凝胶，放入考马斯亮蓝染色液中置于水平摇床上摇动染色 1～2h。染色完毕后，倒去染色液，用少量水淋洗凝胶，然后置于脱色液中脱色，并轻轻晃动，脱色至蓝色背景消失为止(约需 1.5～2h，换脱色液 2～3 次)。此凝胶即可用于观察、分析、拍片。

5. SDS-PAGE 注意事项及经常遇到的问题：

(1)分离胶不要倒得太满，需要有一定的浓缩胶空间(1.5cm 高)，否则起不到浓缩效果。

(2)若混合速度太快则会产生气泡而影响聚合，导致电泳带畸形。

(3)凝胶总是"缩"的原因是胶里的水分被蒸发了。过夜时用保鲜膜包起来，在里面加点水保持湿度；也可能母液(30%聚丙烯酰胺)有问题，重新配制。

(4)电泳中常出现的一些现象：

⌣条带呈笑脸状，原因：凝胶不均匀冷却，中间冷却不好，解决办法是：可降低电压。

⌢条带呈皱眉状，可能是由于装置不合适，特别可能是凝胶和玻璃挡板底部有气泡，或者两边聚合不完全。

拖尾：样品溶解性不好。

纹理(纵向条纹)：样品中含有不溶性颗粒。

条带偏斜：电极不平衡。

条带两边扩散：加样量过多或盐离子浓度过高。

(5)未聚合的丙烯酰胺具有神经毒性，操作时应戴手套。

(6)梳子插入浓缩胶时，应确保没有气泡，梳子拔出来时应该小心，不要破坏加样孔，如有加样孔上的凝胶歪斜可用针头插入加样孔中纠正，但要避免针头刺入胶内。

(7)上样缓冲液中煮沸的样品可在－20℃以下存放。

(8)为减少蛋白质条带的扩散，上样后应尽快电泳，电泳结束后也应直接染色或者转印。

(9)上样时小心，不要使样品溢出而污染相邻加样孔。

(10)取出凝胶后应注意分清加样顺序，可用刀片切去凝胶的一角作为标记(如左上角)，转膜时也应用同样的方法对 NC 膜做上标记(如左上角)以分清正反面和上下关系。

二、Western blot 技术

下列操作在 SDS-PAGE 电泳后进行。

(一)Western blot 操作步骤

1. 蛋白质从凝胶原位转印至膜上：电泳结束后，取下凝胶，切除浓缩胶，用去离子水稍作淋洗后置于转移缓冲液中。取与 PAGE 胶相同大小的硝酸纤维素膜和 2 张 Whatman 滤纸，置于转移缓冲液中浸湿，然后将凝胶、硝酸纤维素滤膜(或 PVDF 膜)、滤纸及海绵依次叠放在支架上(见图 10－1)，间隙之间不能留有气泡，插入转移槽中。凝胶接(－)极，硝酸纤维素膜接

(＋)极，电流强度为 0.65mA/cm^2 膜，电转移 1～2h。

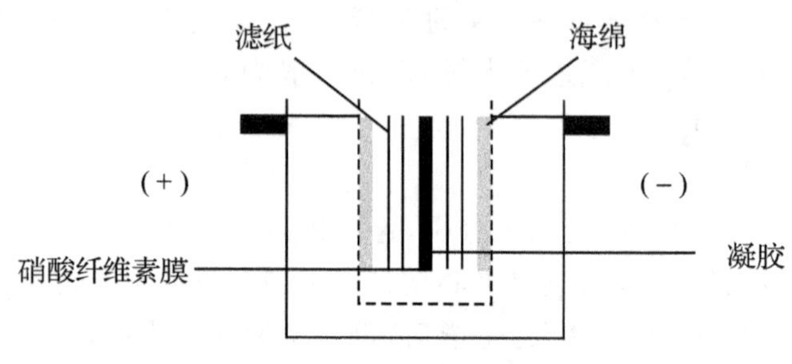

图 10－1　蛋白槽式转移

或蛋白质从凝胶原位转印至膜的半干转印法：电泳后将两玻璃板分开，将上部以浓缩胶为准全部割弃，把凝胶从玻璃板上取下，放入转移缓冲液中湿润 5～10min；将 NC 膜和滤纸切出与凝胶一样大小，置转移缓冲液中湿润 5～10min；按照如图 10－2 所示顺序将滤纸、NC 膜、凝胶、滤纸组合放置到半干盒中；用玻璃棒轻轻在上面滚动去除每层之间的气泡。胶四周平板电极上的缓冲液擦干，防止电流直接从没有凝胶处通过造成短路，盖上电极和压板盖，通电流，小胶一般 10V、30min 或 15V、15min，大胶 25V、30min 或 15V、60min 电转移。

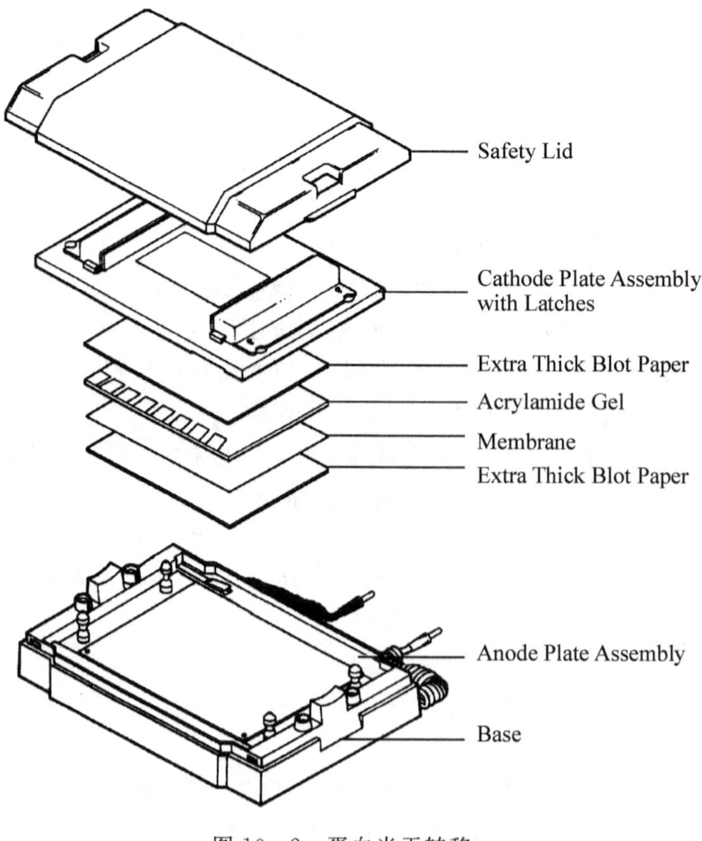

图 10－2　蛋白半干转移

2. 转移完毕后，用适量 TBST 缓冲液淋洗硝酸纤维素膜，然后将硝酸纤维素膜浸入含 5% 脱脂奶粉 20ml TBST 封闭缓冲液中，室温水平摇床上轻轻地摇动封闭 1～2h 或 4℃封闭过夜。

3. 将膜浸入 10～20ml 用封闭缓冲液稀释的第一抗体中，室温水平摇床上轻轻地摇动反应 1～2h。

4. 用适量 TBST 缓冲液洗膜 3～5 次，每次 5min，并在水平摇床上较快摇动。

5. 将硝酸纤维素膜浸入 20ml 用封闭缓冲液适当稀释的碱性磷酸酶（或辣根过氧化物酶）标记的抗一抗的酶标第二抗体溶液中，室温水平摇床上轻轻地摇动反应 1～2h。

6. 用适量 TBST 缓冲液洗膜 5 次，每次 5min，并在水平摇床上较快摇动。

7. 用滤纸吸去硝酸纤维素膜表面剩余的缓冲液。

8. 现配显色底物：在 10ml 显色缓冲液中先后加入 66μl NBT 和 33μl BCIP，分别至终浓度为 0.3mg/ml 和 0.15mg/ml。

9. 将硝酸纤维素膜浸入显色缓冲液中，避光静止显色，直至阳性反应清晰显示且背景较低时为止。

10. 将显色反应完全后的膜在水中漂洗终止反应，拍照记录结果后将膜避光保存。

（二）Western blot 化学发光检测操作步骤

化学发光检测前面的操作步骤与化学显色反应的步骤相同（但一抗和二抗的用量可以减少 10 倍以上），只是最后一步用发光底物取代化学生色底物。

1. 使用前先配制底物工作液，以 1∶1 体积比例混合溶液 A 和溶液 B，一个 Mini-blot 需配制约 1ml 工作液（1ml/20cm^2）。溶液混合均匀后避光放置。

2. 取 1ml 工作液于化学发光检测盘，将膜平铺在工作液上，至完全覆盖工作液，室温孵育 5min。

3. 用镊子从工作液中取出膜（避免用手触碰），滴去多余的工作液，膜的一角轻轻接触纸巾或滤纸以完全去除工作液。注意：不要使膜变干，因为酶和底物需要在水中反应。

4. 将膜置于一坚实平面上如一小塑料板上，并用塑料膜将膜封好，小心不要在板和膜之间以及膜和塑料膜之间留下小气泡。

5. 在暗室用 X 光胶片显影或者用感光的数字成像设备拍照。

6. 曝光时间根据信号强弱从几秒到几分钟不等，或者更长，取决于被检测的蛋白量的多少。

（三）注意事项

1. 若上样蛋白为纯化蛋白，则在变性后无需离心，即可直接上样。细菌、植物样品变性后需离心后取上清才可上样。

2. 在 Western blot 转膜操作时应戴一次性手套及使用镊子，以免污染滤膜。

3. PVDF 膜需预处理：在甲醇中浸泡 5～10s 湿润膜，转移缓冲液浸泡 5～10min 以除去甲醇；而硝酸纤维素膜（NC 膜）不用甲醇处理，用转移缓冲液浸泡 5～10min 即可。

4. 使用较低浓度的抗体可减弱印迹膜上的假性条带。多数情况下血清中因免疫产生的抗体浓度最高，因此，经过滴定可将非特异性抗体的浓度降到不影响实验结果分析的水平，滴定一抗、二抗的效价，找到一个产生的信号强度可以接受的较低浓度。

5. 一般多抗、单抗的稀释度为 1∶5000～10000 之间。

6. 应对弥散背景的策略：延长每次洗膜时间，稀释抗体，缩短一抗、二抗的反应时间，延长封闭时间。

7. 阴性对照抗体：对于多克隆抗血清，理想的阴性对照是取自同一动物免疫前的血清。若血清是取自同种属的动物，虽不太理想但仍可接受。而对于单克隆抗体而言，正确的阴性对照应是与所选抗体具有同种型的另一个特异性抗体。

8. 将凝胶准确平放于滤纸上(不能产生气泡)后，把膜一边先准确放置于上面有转移缓冲液的凝胶上，然后慢慢地盖在凝胶上，排除所有气泡；滤纸、胶、膜之间不能有气泡，因为气泡会造成短路。

9. TBST 可用 0.01mol/L PBST(pH 7.4)代替。

10. 丙烯酰胺和甲叉双丙烯酰胺单体溶液(Acr 和 Bis)及 TEMED 有毒，应戴手套操作。

11. 植物可溶性蛋白样品的制备：

方法一：取约 0.1g 植物叶片，经液氮处理后研磨成粉末。加入 100～200μL 的 2×SDS-PAGE 上样缓冲液，在沸水中煮 10min，5000r/min 离心 5min，取上清液电泳。

方法二：取约 0.1g 植物叶片，经液氮处理后研磨成粉末。加蛋白提取缓冲液(50mmol/L Tris · Cl，pH 6.8；4.5% SDS；7.5% β-巯基乙醇和 9mol/L 尿素)200μl，冰浴中研成匀浆。室温下 5000r/min 离心 10min，弃沉淀。上清液中加等体积的 2×SDS-PAGE 上样缓冲液，在沸水中煮 10min，5000r/min 离心 5min，取上清液电泳。

方法三：取约 0.1g 植物叶片，经液氮处理后研磨成粉末。按每克叶片加入 2ml 方法二中的抽提缓冲液的比例加入抽提缓冲液，混合均匀，室温放置 5min 后 12000r/min 离心 10min，取上清，加入 2 倍体积的丙酮后混匀，12000r/min 离心 10min 沉淀蛋白；沉淀蛋白室温凉干，加 100μl 的 2×SDS-PAGE 上样缓冲液后在沸水中煮 10min，5000r/min 离心 5min，取上清液电泳。

12. 动物组织、动物细胞可溶性蛋白样品的制备：

取约 0.1g 动物组织，经液氮处理后研磨成粉末。加入 200～400μl 的 2×SDS-PAGE 上样缓冲液，在沸水中煮 10min，5000r/min 离心 5min，取上清液电泳。

13. 细菌、真菌可溶性蛋白样品的制备：

取约 1～2mg 细菌、真菌加入 100～200μl 的 2×SDS-PAGE 上样缓冲液，在沸水中煮 10min，5000r/min 离心 5min，取上清液电泳。

14. 滤纸、胶、膜之间的大小，一般是滤纸＝膜＝胶。

15. 转移时间可根据相对分子质量大小调整转移时间和电流大小。小分子蛋白易转印，大分子蛋白转移较慢，可延长转移时间和电流，但这常导致小分子蛋白转印到膜的反面去。

16. 重复使用转移缓冲液不要超过三次，因为随着离子的逐渐减少，电阻越来越大。当恒压时电流越来越小，建议更换转移缓冲液。

17. 半干转膜时胶四周平板电极上的转移缓冲液须擦干，防止电流短路，如不擦干转移缓冲液会导致电流很大。

18. 电压一定时而电流过大，可能是转移缓冲液不对，如 10×的转移缓冲液未稀释，也可能是上述(17)的原因。

三、快速银染检测SDS-PAGE胶中蛋白

1. 将胶放入塑料容器内，加入50ml凝胶固定液，置于水平摇床上摇10min。

2. 倾去固定液，用去离子水洗2次，每次5min。

3. 倾去水，将胶浸泡在0.2g/L $Na_2S_2O_3$ 中，置于水平摇床上摇1min。

4. 倾去0.2g/L $Na_2S_2O_3$，用去离子水洗2次，每次20s。

5. 倾去水，凝胶浸入50ml 0.1% $AgNO_3$ 溶液中10min。

6. 倾去0.1% $AgNO_3$，用去离子水洗2次，每次5s。

7. 倾去水，浸泡在50ml新配的 $Na_2S_2O_3$ 显影液中，置于水平摇床上摇至条带出现，加入2.5ml 2.3mol/L柠檬酸。

8. 倾去柠檬酸，然后用去离子水洗胶。

第十一章　核酸分子杂交技术

核酸互补的核苷酸序列通过 Walson-Crick 碱基配对(形成氢键)形成稳定的杂合双链DNA 分子的过程称为杂交。杂交过程是高度特异性的,可以根据所使用的探针的已知序列进行特异性的靶序列检测。

核酸杂交的双方是所使用探针和要检测的核酸。该检测对象可以是克隆化的基因组DNA,也可以是细胞总 DNA 或总 RNA。根据使用的方法被检测的核酸可以是提纯的,也可以在细胞内杂交,即细胞原位杂交。探针必须经过标记,以便示踪和检测。使用最普遍的探针标记物是同位素,但由于同位素的安全性,近年来发展了许多非同位素标记探针的方法,如地高辛标记的探针。

核酸分子杂交具有很高的灵敏度和高度的特异性,因而该技术在分子生物学领域中已广泛地使用于克隆基因的筛选、酶切图谱的制作、基因组中特定基因序列的定性、定量检测、目的基因的表达和丰度分析及疾病诊断等方面。因而它不仅在分子生物学领域中广泛地应用,而且在临床诊断上的应用也日趋增多。

第一节　核酸探针标记的方法

核酸探针根据核酸的性质可分为 DNA 和 RNA 探针;根据是否使用放射性标记物可分为放射性标记探针和非放射性标记探针;根据是否存在互补链,可分为单链和双链探针;根据放射性标记物掺入情况,可分为均匀标记和末端标记探针。下面介绍各种类型的探针及标记方法。

一、双链 DNA 探针及其标记方法

分子生物学研究中,最常用的探针即为双链 DNA 探针,它广泛应用于基因的鉴定、基因表达水平分析、临床诊断等方面。

双链 DNA 探针的合成方法主要有下列两种:切口平移法和随机引物合成法,其中随机引物合成法较常用。

(一)切口平移法

当 DNA 酶Ⅰ在双链 DNA 分子的一条链上产生切口时,*E. coli* DNA 聚合酶Ⅰ就可将核苷酸连接到切口的 3’羟基末端。同时该酶具有从 5’→3’的核酸外切酶活性,能从切口的 5’端除去核苷酸。由于在切去核苷酸的同时又在切口的 3’端补上核苷酸,从而使切口沿着DNA 链移动,用放射性核苷酸代替原先无放射性的核苷酸,将放射性同位素掺入到合成新链中。最合适的切口平移片段一般为 50～500 个核苷酸。切口平移反应受几种因素的影响:①产物的比活性取决于[α-^{32}P]dNTP 的比活性和模板中核苷酸被置换的程度;②DNA 酶Ⅰ的

用量和 *E. coli* DNA 聚合酶的质量会影响产物片段的大小；③DNA 模板中的抑制物如琼脂糖会抑制酶的活性，故应使用纯化后的 DNA。

1. 设备：高速台式离心机，恒温水浴锅等。

2. 材料：待标记的 DNA。

3. 试剂：

(1)10×切口平移缓冲液：0.5mol/L Tris · Cl(pH 7.2)，0.1mol/L $MgSO_4$，10mmol/L DTT，100μg/ml BSA。

(2)未标记的 dNTP 原液：除同位素标记的脱氧三磷酸核苷酸外，其余 3 种分别溶解于 50mmol/L Tris · Cl (pH 7.5)溶液中，浓度为 0.3mmol/L。

(3)[α-^{32}P]dCTP 或[α-^{32}P]dATP：400Ci/mmol/L，10μCi/μl。

(4)*E. coli* DNA 聚合酶 Ⅰ(4U/μl)。

(5)DNA 酶 Ⅰ：1mg/ml。

(6)EDTA：200mmol/L(pH 8.0)。

(7)10mol/L NH_4Ac。

4. 操作步骤：

(1)在 1.5ml 离心管中依次加入下列试剂：

未标记的 dNTP	10μl
10×切口平移缓冲液	5μl
待标记的 DNA	1μg
[α-^{32}P]dCTP 或 dATP(70μCi)	5μl
E. coli DNA 聚合酶 Ⅰ	4U
DNA 酶 Ⅰ	1μl
加去离子水至终体积	50μl

(2)混匀，在离心机上甩一下后置于 15℃水浴 60min。

(3)加入 5μl 200mmol/L(pH8.0)EDTA 终止反应。

(4)反应液中加入醋酸铵，使终浓度为 0.5mol/L，加入两倍体积预冷无水乙醇沉淀回收 DNA 探针，或用 Sephadex G-50 柱层析分离标记的 DNA。

(5)Sephadex G-50 柱(GE 公司产品)层析分离标记的 DNA：

①3000r/min 离心 1min 去 Sephadex G-50 柱中的 buffer。

②用移液器加标记好的探针到柱中间。

③离心 2min，取收集的离心液即为分离的标记探针。

5. 注意事项：

(1)^{3}H、^{32}P 及^{35}S 标记的 dNTP 都可使用于探针标记，但通常使用[α-^{32}P]dNTP。

(2)DNA 酶 Ⅰ 的活性不同，所得到的探针比活性也不同，DNA 酶 Ⅰ 活性高，则所得探针比活性高，但长度比较短。

(二)随机引物合成法

随机引物合成双链探针是使寡核苷酸引物与 DNA 模板结合，在 Klenow 酶的作用下合成 DNA 探针。合成产物的大小、产量、比活性依赖于反应中模板、引物、dNTP 和酶的量。产物平均长度为 400～600 个核苷酸。利用随机引物进行反应的优点是：①Klenow 片段没有 5'→

3'外切酶活性，反应稳定，可以获得大量的有效探针；②反应时对模板的要求不严格，用微量制备的质粒 DNA 模板也可进行反应；③反应产物的比活性较高，可达 4×10^9 cpm/μg 探针。

1. 设备：高速台式离心机，恒温水浴锅等。

2. 材料：待标记的 DNA 片段。

3. 试剂：

(1)Promega 公司 Prime-a-Gene Labeling kit，其含有下列试剂：

5×Labeling Buffer(含 6 碱基随机引物)
0.5mmol/L dNTP 混合液(dATP/dTTP/dGTP)
Nuclease-free BSA
Klenow Enzyme (5U/ml)
Nuclease-free H_2O

(2)[α-^{32}P]dCTP。

4. 操作步骤：

(1)DNA 模板的制备：通常以酶切产物 DNA 或 PCR 扩增 DNA 为模板，但需割胶纯化 DNA 模板片断，检测 DNA 模板浓度，假设浓度为 50ng/ml。在 1.5ml Eppendorf 离心管中用灭菌的 MilliQ 超纯水将 DNA 模板稀释 10 倍(5ng/ml)，离心管用 Parafilm 封口或用注射器针头在离心管盖上打 3 个孔后在 100℃水浴锅中变性 5min，立即冰浴 3～5min。

(2)与此同时，尽快在一置于冰浴中的新 1.5ml Eppendorf 离心管内依次加入以下试剂：

Nuclease-free H_2O	20μl
5×Labeling Buffer(含 6 碱基随机引物)	10μl
0.5mmol/L dNTP 混合液(dATP/dTTP/dGTP)	2μl
变性预冷的 DNA 模板	10μl(25～50ng)
Nuclease-free BSA	2μl
Klenow Enzyme(5U/μl)	1μl
[α-^{32}P]dCTP	5μl
终体积为	50μl

(3)充分混合，在微型离心机中以 5000r/min 离心 1～2s，使所有溶液沉于试管底部，Parafilm 封口或用注射器针头在离心管盖上打 3 个孔，插在浮子上，放入预先调好的 37℃水浴锅里，保温 60min。

(4)100℃水浴锅中变性合成好的探针 5min 并立刻放于冰上冷却变性探针。

(5)乙醇沉淀或用 Sephadex G-50 柱层析分离标记的 DNA。

5. 注意事项：

(1)引物与模板的比例应仔细调整，当引物高于模板时，反应产物比较短，但产物的累积较多；反之，则可获得较长片段的探针。

(2)模板 DNA 应是线性的，如为超螺旋 DNA，则标记效率不足 50%。

二、单链 DNA 探针

用双链探针杂交检测另一个远缘 DNA 时，探针序列与被检测序列间有很多错配。而两条探针互补链之间的配对却十分稳定，即形成自身的无效杂交，结果使检测效率下降。

采用单链探针则可解决这一问题。单链 DNA 探针的合成方法主要有下列两种:①以 M13 载体衍生序列为模板,用 Klenow 片段合成单链探针;②以 RNA 为模板,用反转录酶合成单链 cDNA 探针。

(一)从 M13 载体衍生序列合成单链 DNA 探针

合成单链 DNA 探针可将模板序列克隆到噬粒或 M13 噬菌体载体中,以此为模板,以特定的通用引物或以人工合成的寡核苷酸为引物,在[α-^{32}P]dNTP 的存在下,由 Klenow 片段作用合成放射标记探针,反应完毕后得到部分双链分子。在克隆序列内或下游用限制性内切酶切割这些长短不一的产物,然后通过变性凝胶电泳(如变性聚丙烯酰胺凝胶电泳)将探针与模板分离开。双链 RF 型 M13 DNA 也可用于单链 DNA 的制备,选用适当的引物即可制备正链或负链单链探针。

1. 设备:高速台式离心机,恒温水浴锅等。

2. 材料:已制备好的单链 DNA 模板。

3. 试剂:

(1)10×Klenow 缓冲液:0.5mol/L NaCl,0.1mol/L Tris·Cl(pH 7.5),0.1mol/L $MgCl_2$。

(2)0.1mol/L DTT 溶液。

(3)[α-^{32}P]dATP:3000Ci/mmol/L,10μCi/μl。

(4)40μmol/L 和 20mmol/L 的未标记的 dNTP 溶液。

(5)dCTP,dTTP,dGTP 各 20mmol/L 的溶液。

(6)Klenow 片段(5U/μl)。

(7)适宜的限制酶,如 *EcoR* Ⅰ、*Hind* Ⅲ 等。

(8)0.5mol/L EDTA(pH 8.0)。

4. 操作步骤:

(1)在冰上的 0.5ml Eppendorf 离心管中依次加入下列试剂:

单链模板(约 0.5pmol/L)	1μg
适当引物	5pmol/L
10×Klenow 缓冲液	3μl
加水至	20μl

混匀后离心机上甩一下。

(2)将离心管加热到 85℃ 5min,在 30min 内使小离心管降到 37℃。

(3)离心管中依次加入下列试剂:

DTT	2μl
[α-^{32}P]dATP	5μl
未标记的 dATP	1μl
dGTP,dCTP,dTTP 混合液	1μl

混匀后,稍离心使之沉于试管底部。

(4)加 1μl(5U)Klenow 酶,室温下 30min。

(5)加 1μl 20mmol/L 未标记的 dATP 溶液,室温下 20min。

(6)68℃加热 10min 使 Klenow 片段失活。调整 NaCl 浓度,使之适宜于酶切。

(7)加入 20U 限制性内切酶(如 *EcoR* Ⅰ,*Hind* Ⅲ等),酶切 1h。

(8)酚/氯仿抽提 DNA,乙醇沉淀以去除 dNTP 或加 0.5mol/L EDTA(pH 8.0)至终浓度 10mmol/L。

(9)用电泳方法分离放射性标记的探针。

(二)从 RNA 合成单链 cDNA 探针

用 RNA 为模板合成 cDNA 探针所用的引物有两种:①用寡聚 dT 为引物合成 cDNA 探针。本方法只能用于带 Poly(A)的 mRNA,并且产生的探针极大多数偏向于 mRNA 3'末端序列。②可用随机引物合成 cDNA 探针。该法可避免上述缺点,产生比活性较高的探针。但由于模板 RNA 中通常含有多种不同的 RNA 分子,所得探针的序列往往比以克隆 DNA 为模板所得的探针复杂得多,应预先尽量富集 mRNA 中的目的序列。反转录得到的产物 RNA/DNA 杂交双链经碱变性后,RNA 单链可被迅速地降解成小片段,经 Sephadex G-50 柱层析即可得到单链探针。

1. 设备:高速台式离心机,恒温水浴锅等。

2. 材料:已提纯的 RNA 或 mRNA。

3. 试剂:

(1)合适的引物:随机引物或 oligo$(dT)_{15-18}$。

(2)20mmol/L dGTP,dATP,dTTP。

(3)[α-^{32}P]dCTP(>3000Ci/mmol/L,10μCi/μl)。

(4)反转录酶(200U/μl)。

(5)10mmol/L DTT。

(6)125μmol/L dCTP。

(7)0.5mol/L EDTA(pH 8.0)。

(8)10% SDS。

(9)Rnasin(40U/μl)。

4. 操作步骤:

(1)在已置于冰浴中的灭菌 1.5ml 离心管中加入下列试剂:

RNA 或 mRNA	10μl
合适的引物	10μl
10×反转录缓冲液	5μl
20mmol/L dGTP,dATP,dTTP	2μl
125μmol/L dCTP	2μl
[α-^{32}P]dCTP	10μl
10mmol/L DTT	5μl
Rnasin	20U
加水至	48μl
反转录酶(200U/μl)	2μl

混匀后,离心机上甩一下后 45℃保温 2h。

(2)反应完毕后上述离心管中加入下列试剂：

0.5mol/L EDTA(pH 8.0)	2μl
10% SDS	2μl

(3)加入 6μl 3mol/L NaOH，68℃保温 30min 以水解 RNA。

(4)冷却至室温后，加入 20μl 1mol/L Tris・Cl(pH 7.4)，混匀后加入 6μl 2.5mol/L HCl 溶液。

(5)酚/氯仿抽提后，用 Sephadex G-50 柱层析或乙醇沉淀法分离标记的探针。

5. 注意事项：RNA 极易降解，因而实验中的所有试剂和器皿均应在 DEPC 处理后，灭菌备用。

三、末端标记 DNA 探针

现以 Klenow 片段标记 3'末端为例说明末端标记的方法。

1. 设备：高速台式离心机，水浴锅等。

2. 材料：待标记的双链含凹缺 3'末端的 DNA。

3. 试剂：

(1)3 种不含标记的 dNTP 各为 2mmol/L。

(2)合适的限制酶。

(3)[α-^{32}P]dNTP：3000Ci/mmol/L，10μCi/μl。

(4)Klenow 片段(5U/μl)。

(5)10×末端标记缓冲液：0.5mol/L Tris・Cl(pH 7.2)，0.1mol/L $MgSO_4$，1mmol/L DTT，500mg/ml BSA。

4. 操作步骤：

(1)25μl 反应体系中用合适的限制酶酶切 1μg 的 DNA。

(2)在离心管中按下列成分加入试剂并混匀：

已酶切的 DNA	1μg(25μl)
10×末端标记缓冲液	5μl
2mmol/L 3 种 dNTP	2.5μl
[α-^{32}P]dNTP	5μl
加水至	50μl

(3)加入 1U 的 Klenow 片段，混匀后离心机上甩一下，室温下反应 30min。

(4)加入 1μl 2mmol/L 第四种核苷酸溶液，室温保温 15min。

(5)75℃加热 5min 后终止反应。

(6)用酚/氯仿抽提后，用乙醇沉淀来分离标记的 DNA，或用 Sephadex G-50 柱层析分离标记的 DNA。

5. 注意事项：

(1)利用本方法可对 DNA 相对分子质量标准进行标记，利用它可定位因片段太小而无法在凝胶中观察的 DNA 片段。

(2)对 DNA 的纯度不很严格，少量制备的质粒也可进行末端标记合成探针。

(3)末端标记还有其他的一些方法，如利用 T4 多核苷酸激酶标记脱磷的 5'端突出的

DNA 和平末端凹缺 DNA 分子，也可利用该酶进行交换反应标记 5'末端。

四、寡核苷酸探针

利用寡核苷酸探针可检测到靶基因上单个核苷酸的点突变。常用的寡核苷酸探针主要有两种：单一已知序列的寡核苷酸探针和许多简并性寡核苷酸探针组成的寡核苷酸探针库。单一已知序列寡核苷酸探针能与它们的目的序列准确配对，可以准确地设计杂交条件，以保证探针只与目的序列杂交而不与序列相近的非完全配对序列杂交，对于一些未知序列的目的片段则无效。

1. 设备：高速台式离心机，恒温水浴锅等。

2. 材料：待标记的寡核苷酸。

3. 试剂：

(1)10×T4 噬菌体多核苷酸激酶缓冲液

(2)[γ-^{32}P]ATP(比活性 7000Ci/mmol/L，10μCi/μl)。

(3)T4 多核苷酸激酶(10U/μl)。

4. 操作步骤：

(1)100ng 寡核苷酸溶于 30μl 去离子水中，置 65℃变性 5min，迅速置冰浴中 5min。

(2)立即加入下列试剂：

10×激酶缓冲液	5μl
[α-^{32}P]ATP	10μl
T4 噬菌体多核苷酸激酶	2μl
加去离子水至	50μl

混匀、离心甩一下后，置 37℃水浴 30min。

(3)再加入 20U T4 多核苷酸激酶，置 37℃水浴 30min 后立即置冰浴中 5min。

(4)Sephadex G-50 柱层析纯化探针。

五、RNA 探针

许多载体如 pBluescript、pGEM 等均带有来自噬菌体 SP6 或 *E. coli* 噬菌体 T7 或 T3 的启动子，它们能特异性地被各自噬菌体编码的依赖于 DNA 的 RNA 聚合酶所识别，并合成特异性的 RNA。在反应体系中若加入经标记的 NTP，则可合成 RNA 探针。RNA 探针一般都是单链，它具有单链 DNA 探针的优点，又具有许多 DNA 单链探针所没有的优点：RNA：DNA 杂交体比 DNA：DNA 杂交体有更高的稳定性，所以在杂交反应中 RNA 探针比相同比活性的 DNA 探针所产生信号要强；RNA：RNA 杂交体用 RNA 酶 A 酶切比 S1 酶切 DNA：RNA 杂交体容易控制，所以用 RNA 探针进行 RNA 结构分析比用 DNA 探针效果好；噬菌体依赖 DNA 的 RNA 聚合酶所需的 rNTP 浓度比 Klenow 片段所需的 dNTP 浓度低，因而能在较低浓度放射性底物的存在下，合成高比活性的全长探针。用来合成 RNA 的模板能转录许多次，所以 RNA 的产量比单链 DNA 高；反应完毕后，用无 RNA 酶的 DNA 酶Ⅰ处理，即可除去模板 DNA，而单链 DNA 探针则需通过凝胶电泳纯化才能与模板 DNA 分离；另外，噬菌体依赖于 DNA 的 RNA 聚合酶不识别克隆 DNA 序列中的细菌质粒或真核生物的启动子，对模板的要求也不高，故在异常位点起始 RNA 合成的比率很低。因此，当将线性质粒和相应的依赖 DNA 的 RNA 聚合酶及四种 rNTP 一起保温时，所有 RNA 的合成都由这些噬菌体启动子起始。而在单链 DNA 探针合成中，若模板中混杂其他 DNA 片段，则会产生干扰。但它也存在着不可避免的缺点，因为合成的探针是 RNA，它对 RNase 特别敏感，因而所用的器皿、试剂等均应去除 RNase。另外，如果载体没有很好地酶切，则超螺旋 DNA 会合成极长的 RNA，它有可能带上质粒的序列而降低特异性。

1. 设备：高速台式离心机，恒温水浴锅等。

2. 材料：待反转录标记的含 T7 启动子的 DNA 片段。

3. 试剂：

(1)10×T7 RNA 聚合酶缓冲液。

(2)50mmol/L DTT。

(3)rNTP Mixture(各 2.5mmol/L)。

(4)Rnasin(40U/μl)。

(5)T7 RNA 聚合酶。

(6)[α-^{32}P]UTP。

(7)BSA。

4. 操作步骤：

(1)设计含有 T7 启动子序列的上游引物和不含启动子的下游引物，PCR 扩增模板 DNA，并割胶纯化，用 Parafilm 封口或用注射器针头在离心管盖上打 3 个孔后在 100℃ 水浴锅中变性 5min，立即置于冰浴中 5min。

(2)与此同时，尽快在一置于冰浴中的新 1.5ml Eppendorf 离心管内依次加入以下试剂：

10×T7 RNA 聚合酶缓冲液	2μl
50mmol/L DTT	2μl
rNTP Mixture(各 2.5mmol/L)	4μl
Rnasin(40U/μl)	0.5μl
BSA	0.5μl
变性好的模板 DNA	5μl(250ng)
DEPC 水	3μl
[α-^{32}P]UTP	2μl
T7 RNA 聚合酶	1μl(10～50U)
总体积	20μl

(3)37℃反应 30～60min。

(4)加入 2μl(10U)的 Dnase Ⅰ，37℃反应 10min，以去除未转录的 DNA。

(5)加入 30μl DEPC 处理水后再加入 50μl 酚-氯仿-异戊醇(25∶24∶1)，充分混匀；6000r/min 离心 5min 后取上清至新离心管中，加入 50μl 氯仿-异戊醇(24∶1)，充分混匀，6000r/min 离心 5min 后取上清至新离心管中。

(6)加入 5μl(1/10 体积量)3mol/L NaAc(pH 5.2)，再加入 125μl(2.5 倍体积)的冰冷无水乙醇，混匀后在－20℃冰箱中放置 30～60min 沉淀 RNA。

(7)12000r/min 离心 10min 回收沉淀，用 70%冰冷乙醇洗涤沉淀，干燥后用 50μL DEPC 水溶解即为标记好的单链 RNA 探针。

第二节　几种常见的核酸杂交

核酸杂交是通过各种方法将核酸分子固定在固相支持物上，然后用放射性或非放射性标记的探针与被固定的分子杂交，经 X 光片感光、显影或磷屏感光、Typhoon9200 扫描或化学生色反应显示目的 DNA 或 RNA 分子所处的位置。根据被测定的对象，核酸杂交基本可分为以下几大类：

1. Southern blot：DNA 片段经电泳分离后，从凝胶中转移到尼龙膜上，然后与探针杂交。被检对象为 DNA，探针为标记的 DNA 或 RNA。

2. Northern blot：RNA 片段经电泳后，从凝胶中转移到尼龙膜上，然后用探针杂交。被检对象为 RNA，探针为标记的 DNA 或 RNA。

根据杂交所用的方法，另外还有斑点(dot)杂交、组织和菌落原位杂交等。目前常用尼龙膜作为核酸分子的固相支持体。

一、Southern blot

Southern blot 可用来检测经限制性内切酶切割后的 DNA 片段中是否存在与探针同源的序列，它包括下列步骤：

1. 酶切 DNA，凝胶电泳分离各酶切片段，然后使 DNA 原位变性。
2. 将 DNA 片段转移到固体支持物尼龙膜上。
3. 预杂交膜，封闭膜上空位点。
4. 让探针与同源 DNA 片段杂交，然后漂洗除去非特异性结合的探针。
5. 通过 X 光片感光后显影检查目的 DNA 所在的位置，但目前常用磷屏感光后用 Typhoon 9200 扫描，检测放射性信号。

Southern blot 能否检出杂交信号取决于很多因素，包括目的 DNA 在总 DNA 中所占的比例、探针的大小和比活性、转移到滤膜上的 DNA 量以及探针与目的 DNA 间的配对情况等。在最佳条件下，放射自显影曝光数天后，Southern 杂交能很灵敏地检测出低于 0.1pg 与 ^{32}P 标记的高比活性探针的($>10^{9}$ cpm/μg)互补 DNA。如果将 10μg 基因组 DNA 转移到膜上，并与长度为几百个核苷酸的探针杂交，曝光过夜，则可检测出哺乳动物基因组中 1kb 大小的单拷贝序列。

将 DNA、RNA 从凝胶中转移到固体支持物尼龙膜上的方法有以下 3 种：

1. 毛细管转移。本方法由 Southern 发明，故又称为 Southern 转移(或印迹)。毛细管转移方法的优点是简单，不需要用其他仪器。缺点是转移时间较长，转移后杂交信号较弱。

2. 电泳转移。将 RNA、DNA 变性后可电泳转移至带正电荷的尼龙膜上。该法的优点是不需要脱嘌呤/水解作用，可直接转移较大的 DNA 片段。缺点是转移中电流较大，温度难以控制。通常只有当毛细管转移和真空转移无效时才采用电泳转移。

3. 真空转移。有多种真空转移的商品化仪器，它们一般是将尼龙膜放在真空室上面的多孔屏上，再将凝胶置于膜上，缓冲液从上面的一个贮液槽中流下，洗脱出凝胶中的 DNA，使其沉积在膜上。该法的优点是快速，在 30min 内就能从正常厚度(4～5mm)和正常琼脂糖浓度

(<1%)的凝胶中定量地转移出来。转移后得到的杂交信号比 Southern 转移强 2～3 倍。缺点是如不小心,会使凝胶碎裂,并且在洗膜不严格时,其背景比毛细转移要高。

(一)设备

电泳仪,电泳槽,塑料盆,紫外交联仪,磷屏及 Typhoon 9200 扫描仪或放射自显影盒及 X-光片,杂交管,杂交炉,水平摇床等。

(二)材料

待检测的 DNA,限制性核酸内切酶,琼脂糖,已标记好的探针,尼龙膜,滤纸等。

(三)试剂

1. 10mg/ml 溴化乙锭(EB)。

2. 50×Denhardt 氏溶液:5g Ficoll-40,5g PVP,5g BSA,加水至 500ml,过滤除菌后于 −20℃储存(该试剂已商品化)。

3. 10% SDS。

4. 预杂交溶液(10ml):

ddH_2O	5.4ml
20×SSC	3ml
50×Denhart 氏溶液	1ml
10%SDS	0.5ml
10mg/ml 鲑鱼精 DNA	100μl

注:鲑鱼精 DNA 沸水变性 5min,取出后立即置冰上 5min,之后倒入杂交管中。

5. 杂交溶液:预杂交溶液中加入变性探针即为杂交溶液。

6. 0.25mol/L HCl 溶液。

7. 变性溶液:0.5mol/L NaOH,1.5mol/L NaCl:87.75g NaCl,20.0g NaOH 加水至 1L。

8. 中和溶液:1.5mol/L NaCl,0.5mol/L Tris · HCl,pH 7.0。

9. 20×SSC:3mol/L NaCl,0.3mol/L 柠檬酸钠,用 5mol/L NaOH 溶液调 pH 至 7.0。

10. 10mg/ml 鲑鱼精 DNA。

(四)操作步骤

1. 酶切:约 50μl 体积中用 1～3 个在目标基因内不存在的限制性核酸内切酶在 37℃水浴锅中酶切 5～10μg 的 DNA 12～24h;期间可以取 1～2μl 酶切产物电泳,分析酶切效果,可根据酶切情况添加内切酶量和延长酶切时间。为了防止水分蒸发到管盖上而影响酶切体系,每隔 2h 离心甩一下。

2. 电泳:酶切完全产物在含 EB 的 0.8%琼脂糖凝胶中低电压(<1V/cm)电泳 12～18h,电泳结果在紫外凝胶分析仪上拍照。

3. 凝胶处理:

(1)用锋利的刀片切去多余的胶,切角作记号,并测量、记录胶的长和宽。

(2)将琼脂糖凝胶放入 0.25mol/L HCl 溶液中,水平摇床上温和摇动 15min,用去离子水稍稍漂洗(部分脱嘌呤作用)。

(3)在含 0.5mol/L NaOH,1.5mol/L NaCl 的变性液中温和摇动 30min(水解脱嘌呤部位的磷酸二脂键)。

(4)在含 0.5mol/L Tris · HCl,1.5mol/L NaCl 的中和液中缓慢水平转动 30min。

(5)用灭菌的去离子水稍稍漂洗,随后将胶浸泡于数倍体积的中和缓冲液中,于室温下温和水平转动 30min,更换中和液后继续水平转动 15min。

4. 转膜:

(1)毛细管转膜:

①在处理胶的同时处理尼龙膜和滤纸:戴上一次性塑料手套,用干净的剪刀剪一张大小与胶一样的尼龙膜。将膜在放有 ddH_2O 的陶瓷盘中由下而上完全湿润,然后将其浸泡在 20×SSC 转移缓冲液中至少 5min。同时剪 3 张大小和膜一致的 3 张 Whatman 滤纸,并裁同样大小的吸水纸若干。

②从中和液中取出胶,将胶翻转使其背面向上,把胶放于预先搭好的铺有一大张滤纸的盐桥上,用玻璃棒来回滚动驱赶滤纸和胶之间的气泡。

③用 parafilm 围绕胶,阻止短路。

④在胶上放置湿润的尼龙膜,用玻璃棒来回滚动驱除膜与胶间的气泡。

⑤用 20×SSC 浸湿剪好的 3 张滤纸,湿润的滤纸放在尼龙膜上,赶尽气泡。

⑥上方覆盖 5~8cm 高的大小与膜一样的一叠吸水纸,吸水纸上放一玻璃板,并在其上放约 500g 的重物。

⑦中途当吸水纸变湿时注意换纸,简单的核酸转膜 2~3h 已足够,但对于基因组 DNA 转膜需 16~24h。在毛细现象的作用下 DNA 和 RNA 中带负电荷的磷酸基团易与膜表面的正电荷的氨基基团结合。

⑧转移完毕后,取下尼龙膜,标记好正反面、加样孔方向及膜的上下,用 6×SSC 浸泡 5min,并轻轻晃动膜去除膜上碎胶,在干净滤纸上室温晾干 20~30min。

(2)真空转移(在核酸真空转移仪上完成):

①按 45°角将膜缓慢浸入 ddH_2O 中润湿。然后将膜和滤纸在 20×SSC 转移缓冲液中浸透。

②保证多孔真空板齐平地放在真空转移槽中。将浸湿的滤纸放在多孔真空板上,滤纸铺放的位置与窗口一致,再放上膜,去除气泡。

③用水将水槽密封圈(Reservoir Seal O-ring)浸湿。

④放上窗口,保证窗口完全覆盖密封圈。同时,确保膜和窗口交叠,并尽量对齐。

⑤轻轻放上胶,正面朝上,与窗口交叠,赶尽气泡。作最后一次检查。

⑥装密封架,锁定。

⑦略旋松真空泵调节钮。

⑧启动真空泵,慢慢调节真空度到 5。

⑨用戴手套的手指轻轻压胶和窗口交叠的地方,使胶和窗口紧密结合。

⑩倒入 1000~1500ml 转移液(10×SSC),使胶浸透防止胶漂浮。如果漂浮,则从第 5 步开始重做。

⑪放上盖子,转移 90min。随时检查缓冲液水平和真空度。

⑫转移完毕后,取下尼龙膜,标记好正反面、加样孔方向及膜的上下,用 6×SSC 浸泡 5min,并轻轻晃动膜去除碎胶,在干净滤纸上室温晾干 20~30min。

5. 紫外交联:膜正面向上放于核酸紫外交联仪中,能量 1200 紫外交联。或膜夹在两种滤纸中,在 80℃烤箱中烘烤 2h。交联好的膜用 2 张滤纸包裹后用保鲜膜包好,4℃保存待用或

-20℃以下长期保存。

紫外交联的原理：紫外照射使DNA和RNA的一小部分胸腺嘧啶残基与膜表面带正电荷的氨基基团之间形成共价交联，而过量照射将导致大部分胸腺嘧啶共价结合于膜而降低杂交信号。

6. 预杂交：将尼龙膜放入装有6×SSC溶液的小陶瓷盘中完全浸润，用玻璃棒把膜放入装有50ml 6×SSC溶液的杂交管中（注意膜的反面与杂交管的玻璃接触，膜与膜不能重叠），并用干净玻璃棒驱除膜与管壁间的气泡，倒去管内的液体后倒入预杂交液，68℃杂交炉中预杂交4～6h。

7. 探针制备：在预杂交的同时制备同位素标记探针（参见本章第一节），常用随机引物标记法标记探针。探针煮沸变性5min后放冰上5min。

8. 杂交：装有变性探针的离心管在离心机上甩一下，用200μl移液枪吸取50μl变性探针。将移液枪垂直插入杂交管，直接打入预杂交液中，盖好盖子后立即手动滚动杂交管混匀，重新放回杂交炉，68℃杂交16～24h。

9. 洗膜：

(1)杂交结束后，取出杂交管，将杂交液倒入废液缸，加入100～500ml含0.2% SDS的2×SSC，60℃洗膜10min。重复洗膜一次。

(2)加入100～500ml含0.1% SDS的1×SSC，60℃洗膜10min。取出膜，放于吸水纸上，并用吸水纸把其表面的液体吸干，用手提式同位素检测仪探测膜背景（没有DNA的膜区域）的信号强弱，当背景信号在20cpm以下时即可压磷屏，如果信号较强的话，需继续进行下一步的洗涤。

(3)加入100～500ml含0.1% SDS的0.5×SSC，60℃洗膜10min。同位素检测仪检测洗膜效果，如果背景信号还较强的话，可以重复此步1～2次。

10. 压磷屏及信号扫描：用长镊子取出尼龙膜，放在防辐射的挡板前的滤纸上吸干；将吸干的尼龙膜正面朝下放在保鲜膜上，用保鲜膜包好后再将尼龙膜翻转，使尼龙膜正面朝上放入磷屏框内，压上磷屏（磷屏使用前提前30min清屏）。根据检测的信号强弱大致确定曝光时间，一般2～3h后取出磷屏，用Typhoon 9200扫描仪扫描，检测放射性信号。如信号较弱（表现为杂交条带较淡），可清屏后重新压磷屏曝光过夜。如果背景太黑的话，可以把膜取出重新洗膜1～2次，然后再压磷屏和信号扫描。

（五）注意事项

1. 进入同位素房前，应穿好白大褂，戴上口罩，手套戴两层，先戴乳胶手套再戴上PE手套，手腕处用橡皮圈套牢，并在白大褂口袋里多装几副PE手套备用。

2. 因同位素房常有其他实验室人员使用，进入前应用同位素检测仪（Monitor）仔细检测房间各处是否有同位素污染，如有同位素污染，同位素检测仪指针会迅速转动，并发出劈劈啪啪的叫声。另外，还需检测加同位素的移液枪，注意枪身及枪的前端是否受到污染。污染的部位须及时清除。

3. 每次受到污染的手套、垫子、纸张、枪头等小物件均需裹成一团后放在防辐射的废物框内，严禁乱放。

4. 每次洗膜后均需用同位素检测仪检测信号的强弱，及时调整洗液的浓度和洗膜时间，防止信号被过度洗脱。

5. 压屏时需一次成功，否则容易使杂交条带模糊。必须注意膜正反面的摆放，切记需正面朝上。

6. 上述 Southern blot 杂交采用 Denhardt 氏体系，但 Southern blot 杂交也可以采用如下 Northern blot 杂交的磷酸体系，其试剂配制和费用较低，笔者推荐用磷酸体系进行 Southern blot 杂交。

7. 探针的洗脱：杂交后的膜放入含 0.1% SDS 的 0.1×SSC 洗脱液中，洗脱液从室温加热到 80℃后 80r/min 下洗 30min，用同位素检测仪检测信号，换洗脱液 1～2 次，一直洗到没有信号为止。包膜压磷屏 10h，用 Typhoon 9200 扫描仪检测信号，应没有任何信号，此膜可再次杂交，同一张膜可以重复杂交 10 次以上。

二、Northern blot

Northern blot 与 Southern blot 很相似，主要区别是被检测对象为 RNA，其电泳在变性条件下进行，以去除 RNA 中的二级结构，保证 RNA 完全按分子大小分离。变性电泳主要有 3 种：乙二醛变性电泳、甲醛变性电泳和羟甲基汞变性电泳，其中甲醛变性电泳最常用。电泳后的琼脂糖凝胶用与 Southern blot 转膜相同的方法将 RNA 转移到尼龙膜上，然后与同位素或非同位素标记的探针杂交。

(一)设备

电泳仪，电泳槽，塑料盆，紫外交联仪，磷屏及 Typhoon 9200 扫描仪或放射自显影盒及 X-光片，杂交管，杂交炉，水平摇床等。

(二)材料

待检测的 RNA 及制备好的探针，尼龙膜，滤纸等。

(三)试剂

1. 10×MOPS buffer：20.93g MOPS，3.4g NaAc，1.86g EDTA，加 DEPC 水至 500ml，用 NaOH 调 pH 至 7.0，黑暗保存。

2. 电泳缓冲液：1×MOPS。

3. 5×Loading buffer：16μl 饱和溴酚蓝，80μl 500mmol/L EDTA(pH 8.0)，720μl 37%甲醛，2ml 100%甘油，3084μl 甲酰胺，4ml 10×MOPS，加水至 10ml。

4. 20×SSC。

5. 1mol/L 磷酸缓冲液：142g Na_2HPO_4，加去离子水至 980ml 溶解，用 H_3PO_4 调 pH 至 7.2，加 DEPC 至 0.1%终浓度，定容至 1L，混匀后 37℃放 12h，高压灭菌。

6. 磷酸体系预杂交液(10ml)：

试剂	母液	终浓度
1mol/L Na_2HPO_4 Buffer	5ml	0.5mol/L
0.5mol/L EDTA	0.02ml	1mmol/L
BSA	0.1g	1%
20% SDS	3.5ml	7%
DEPC H_2O	1.5ml	

(四)操作步骤

1. RNA 甲醛琼脂糖凝胶变性电泳：

(1)电泳槽、胶盒和梳子的处理：2mol/L 氢氧化钠溶液浸泡 1h，3% 双氧水浸泡 30min，DEPC H_2O 彻底冲洗，备用。

(2)变性胶的制备：称取 1.5g 琼脂糖，加 93.15ml DEPC 处理 H_2O，微波炉煮沸溶解，待冷却到 60℃左右，加入 30ml 5×MOPS 电泳缓冲液、26.85ml 37% 甲醛及 2μl 10mg/ml EB，摇匀后制胶，待胶凝固后即可用于电泳。

(3)预电泳：将凝胶预电泳 15～30min，电压为 5V/cm。

(4)样品处理及其上样：取 10～20μg RNA，以 RNA 与 5×Loading buffer 4∶1 的比例混合后 70℃水浴变性 10min，立即冰浴 5min 后上样到已预电泳的胶上。

(5)电泳：3～4V/cm 电压下电泳，待溴酚蓝迁出凝胶 2/3 处时电泳结束。

(6)电泳后在紫外灯下观察结果，拍照记录。

2. 转膜：

(1)电泳结束后凝胶用 DEPC 水淋洗数次以除去甲醛，然后将凝胶浸泡于 20×SSC 陶瓷盘中，室温下缓慢摇动 20min；切去无用部分的胶，切左上角做标记。

(2)厚层析滤纸搭盐桥，倒入 20×SSC，上面再放一大张滤纸，去除气泡。

(3)剪与凝胶同样大的尼龙膜，浮于去离子水中完全湿透，用 20×SSC 浸泡 5min，切去一角，做标记。

(4)凝胶正面朝下置于盐桥滤纸中央，驱除气泡，用 parafilm 封胶周围，防止短路。

(5)胶上方置湿润尼龙膜，驱除气泡，20×SSC 浸湿两张与凝胶同样大小的滤纸置于膜上方，驱除气泡。

(6)与胶大小一样的一叠吸水纸放于上述滤纸上方，吸水纸上放一玻璃板，并在其上放约 500g 的重物，转移 16～20h。

(7)转移结束后，翻转尼龙膜，用铅笔在尼龙膜上标记加样品的位置及正反面和膜上下。

(8)尼龙膜于 6×SSC 中漂洗 5min，除去膜上碎胶，取出膜置于滤纸上吸干，在干净滤纸上室温晾干 20～30min。

3. 紫外交联：膜正面朝上，能量 1200 紫外交联，或夹于两滤纸间，80℃烘烤 2h，交联好的膜用 2 张滤纸包裹后用保鲜膜包好，4℃保存待用或－20℃以下长期保存。

4. 预杂交：杂交管内加入 50ml 的 0.5mol/L Na_2HPO_4 Buffer，把已用 0.5mol/L Na_2HPO_4 Buffer 湿润的尼龙膜正面朝上放入杂交管，并使管壁与膜之间没有气泡，倒干 0.5mol/L Na_2HPO_4 Buffer，加入已 65℃预热的预杂交液，在杂交炉中 65℃、50r/min 条件下预杂交 4～6h。

5. 探针制备：在预杂交时，同时制备同位素标记探针（参见本章第一节），常用随机引物标记法标记探针。探针煮沸变性 5min 后放冰上 5min。

6. 杂交：装有变性探针的离心管在离心机上甩一下，用 200μl 移液枪吸取 50μl 变性探针。将移液枪垂直插入杂交管，直接打入预杂交液中，盖好盖子后立即手动滚动杂交管混匀，重新放回杂交炉，65℃杂交炉中杂交 16～24h。

7. 洗膜：将膜从杂交液中取出，放入有预热洗液的洗液盒中，洗液分别为 2×SSC+0.1% SDS、1×SSC+0.1% SDS、0.5×SSC+0.1% SDS，55℃下分别洗膜，每洗 5～10min 用手提式同位素检测仪测一下信号强度，具体洗涤次数和洗涤时间视不同信号强度而定。当背景信号在 10～20cpm 以下时即可压磷屏。

8. 压磷屏及信号扫描：用长镊子取出尼龙膜，放在防辐射的挡板前的滤纸上吸干；将吸干的尼龙膜正面朝下放在保鲜膜上，用保鲜膜包好后再将尼龙膜翻转，使尼龙膜正面朝上放入磷屏框内，压上磷屏。根据检测的信号强弱大致确定曝光时间，20～100cpm 的信号压屏约 2～4h，20cpm 以下的信号压屏过夜。取出磷屏，用 Typhoon 9200 扫描仪扫描，检测放射性信号。如信号较弱(表现为杂交条带较淡)，可清屏后重新压磷屏更长时间。如果背景太黑，可以把膜取出重新洗膜 1～2 次，然后再压磷屏和信号扫描。

(五)注意事项

1. 如果琼脂糖浓度高于 1%，或凝胶厚度大于 0.5cm，或待分析的 RNA 大于 2.5kb，转膜前需用 0.05mol/LNaOH 溶液浸泡凝胶 20min，部分水解 RNA 并提高转膜效率。浸泡后用经 DEPC 处理的水淋洗凝胶，然后将凝胶浸泡于 20×SSC 陶瓷盘，室温下缓慢摇动 20min。

2. 上述 Northern blot 杂交采用磷酸体系，但 Northern blot 杂交也可以采用 Southern blot 杂交的 Denhardt 氏体系，笔者推荐用磷酸体系进行 Northern blot。

3. 探针的洗脱：杂交后的膜放入含 0.1% SDS 的 0.1×SSC 洗脱液中，洗脱液从室温加热到 80℃后 80r/min 下洗 30min，用同位素检测仪检测信号，换洗脱液 1～2 次，一直洗到没有信号为止。包膜压磷屏 10h，用 Typhoon 9200 扫描仪检测信号，应没有任何信号，此膜可再次杂交，同一张膜可以重复杂交 10 次以上。

4. 所有的试剂均应用 DEPC 处理水配制。

5. 洗膜的时间和温度要小心控制，经常用同位素检测仪测定信号强度。必须保证膜的背景的信号强度小于 20cpm；当背景信号很低而杂交信号还较高的时候，应用高严谨度洗膜。

6. 标记用的探针的 DNA 量最好控制在 50～80ng，过多、过少均会影响探针的标记效率。

7. 当几张膜放在一个杂交盒的时候，杂交液不能太少，必须保证膜与膜之间相互流动，且不让膜干。

8. 用杂交管杂交的时候，必须保证膜与管壁之间没有气泡，且膜不能重叠。

9. 另外，同位素的质量和纯度对信号强度及标记效率有很大的影响。

三、Small RNA(小 RNA)Northern blot 杂交

RNA 沉默(RNA silencing)是一种普遍存在于线虫、真菌、动物和植物四界真核生物体内，发生在 RNA 水平的基于核酸序列特异性的相互作用来抑制基因表达的一种调控机制。在植物体内也称为转录后基因沉默(post transcriptional gene silencing，PTGS)，在动物体内称为 RNA 干扰(RNA interference，RNAi)，而在真菌内则称为基因压制(gene quelling)。RNA 沉默主要存在 2 类生物学效应：一类是指对病毒、转基因和转座子等外来入侵核酸序列特异性的 RNA 降解；另一类是对内源 mRNA 转录和翻译的调控。大量研究已表明双链(ds)RNA 是 RNA 沉默启始的关键分子，dsRNA 的大量积累诱导 RNA 沉默的启始。dsRNA 首先被降解为不同长度的小 RNA，然后这些小 RNA 整合入 RNA 诱导的沉默复合体(RNA-induced silencing complex，RISC)，并引导 RISC 降解同源 mRNA。研究发现，dsRNA 是被称为 Dicer 的 RNA 酶Ⅲ样的核酸酶降解的，其降解产物分为两类：一类是 19～24nt 的单链(ss)小 RNA(micro-RNA，miRNA)，其是从内源的 hairpin RNA 前体降解而来；

另一类是3'端具有2nt突出的19～26nt的双链(ds)小干扰性RNA(small interfering RNA，siRNA)。miRNA在发育、抗感染、疾病中起着重要的作用，siRNA的主要功能是介导对转座子、转基因和病毒等的降解。miRNA和siRNA统称小RNA。

(一)设备

蛋白电泳仪，塑料盆，紫外交联仪，杂交管，杂交炉，半干转移仪，水平摇床，磷屏及Typhoon 9200扫描仪或放射自显影盒及X-光片等。

(二)材料

待检测的小RNA，合成的寡核苷酸，尼龙膜，滤纸等。

(三)试剂

1. DEPC水。
2. 30% PEG：30g PEG，定容到100ml DEPC水中。
3. 5mol/L NaCl溶液。
4. 70%乙醇。
5. SequaGel Concentrate：237.5g Acr，12.5g Bis，7mol/L Urea，定容至1L。
6. SequaGel Diluent：7mol/L Urea。
7. SequaGel Buffer：0.89mol/L Tris-Borate，20mmol/L EDTA(pH 8.3)，7mol/L Urea。
8. 5×TBE：54g Tris，27.5ml 硼酸，20ml 0.5mol/L EDTA(pH 8.0)，定容至1L。
9. TEMED。
10. 10%过硫酸铵。
11. SYBR® Gold nucleic acid gel stain染色液：Invitrogen公司产品。
12. 2×loading buffer(小RNA上样缓冲液)：1mmol/L EDTA(pH 8.0)，0.25%溴酚蓝，0.25%二甲苯氰，50%甘油。
13. [γ-^{32}P]ATP。
14. T4多聚核苷酸激酶。
15. siRNA预杂交液：5g BSA，250ml 1mol/L Na_2HPO_4(pH 7.2)，75ml甲酰胺，1ml 0.5mol/L EDTA(pH 8.0)，175ml 20% SDS，总体积为500ml。
16. 20×SSC。

(四)操作步骤

1. 用TRIzol试剂提取样品的总RNA。
2. 大小RNA的分离：

(1)取308μl总RNA，加70μl 30% PEG 6000和42μl 5mol/L NaCl溶液，混匀后冰上放置20min。

(2)12000r/min离心10min，沉淀为大RNA，70%乙醇洗涤2次后可用于一般mRNA的Northern blot分析，NanoDrop紫外仪测定浓度后放－70℃保存或直接用于Northern blot分析。

(3)上清为小RNA，每管加1ml无水乙醇，－20℃放置20min。

(4)12000r/min离心15min，沉淀用1ml 70%乙醇洗涤，12000r/min离心5min，去上清，再12000r/min离心1min，彻底去上清，室温干燥后加入30μl DEPC处理水溶解。放－70℃保存或直接用于小RNA的Northern blot分析。

3. 小 RNA 的尿素变性电泳：

(1)垂直电泳槽和梳子等用 DEPC 处理水彻底冲洗干净后备用。

(2)15%变性胶的制备：每 100ml 中加 SequaGel Concentrate 60ml，SequaGel Diluent 30ml，SequaGel Buffer 10ml，加入 40μl TEMED 混匀，再加入 0.8ml 10%过硫酸铵，混匀后灌胶，插入梳子，待胶凝固后可用于电泳。

(3)上样：取 siRNA 20μl(15μg 左右)与 15μl 2×loading buffer 混匀后 94℃变性 3min，置冰上 5min 后点样。

(4)电泳：300V 电泳 3h 左右，溴酚蓝迁移到凝胶的底部时电泳结束，切除上下多余胶。

(5)室温水平摇床上，胶用 1×TBE 稀释 5000 倍的 SYBR® Gold nucleic acid gel stain 染色液中染色 15min，在紫外灯下拍照。

4. 小 RNA 的转膜及紫外交联：

(1)胶用半干转移仪(Bio-Rad，TRANS-BLOT® SR SEMI-DRY TRANSFER CELL)进行转膜：剪大小与胶一样的转膜滤纸 2 张、尼龙膜 1 张，并用 1×TBE 浸润它们；一张转膜滤纸放在半干转移仪载物台上，其上放尼龙膜，胶用 DEPC 处理水冲洗后放置于尼龙膜上，膜上盖上另一张滤纸，驱除滤纸、膜、胶间的气泡，400mA 转移 45min。

(2)取出转好的膜用 1×TBE 漂洗，用滤纸吸干，室温晾干，放紫外交联仪中能量 1200 紫外交联 1～2 次，滤纸、保鲜膜包好放 4℃冰箱备用。

5. 同位素探针合成：可以用本章同位素随机引物合成的方法合成探针，也可以用如下寡核苷酸末端标记的方法合成探针：

(1)在无 RNA 酶的新 1.5ml 离心管中依次加入如下试剂：

10×T4 激酶缓冲液	5μl
合成的寡核苷酸(10μmol/L)	5μl
[γ-^{32}P]ATP	5μl
T4 多聚核苷酸激酶	2μl
DEPC 处理水	定容至 50μl

(2)混合后 37℃水浴 1h。

6. 小 RNA 的预杂交、杂交、洗膜、信号检测：

(1)用 1×TBE 湿润尼龙膜后，将膜放入杂交管中，排除气泡，有 RNA 的膜面朝管内；加入 10ml 已预热的小 RNA 预杂交液，于杂交炉 40℃预杂交 2h 以上。

(2)将末端标记的寡核苷酸探针加入杂交液中，40℃杂交过夜 16h 以上。

(3)杂交结束后，倒掉杂交液，加入含 0.1% SDS 的 1×SSC 于杂交管中直接在杂交炉中 40℃洗 3 次，每次 10min，需要换洗涤液；用同位素检测仪检测到信号为 5～20cpm 左右时压磷屏，3 天后用 Typhoon 9200 扫描仪检测放射性信号，如果信号较弱的话，可以延长压磷屏时间至 7 天。

四、地高辛标记的 Southern blot 杂交

(一)设备

电泳仪，电泳槽，塑料盆，紫外交联仪，杂交管，杂交炉，水平摇床等。

(二)材料

待检测的 DNA,尼龙膜,滤纸等。

(三)试剂

1. 20×SSC。

2. 10% SDS。

3. Roche 公司产品地高辛标记的 Southern blot Kit:

马来酸 buffer:0.1mol/L 马来酸,0.15mol/L NaCl(pH 7.5)。11.607g 顺丁烯二酸,8.775g NaCl,固体 NaOH 调 pH,定容到 1L,高压灭菌。

Washing buffer:马来酸 buffer+0.3%(W/V)Tween-20。

5%封闭液:0.5g BSA 溶于 100ml 马来酸 buffer 中。

HpAntibody solution:0.5g BSA,100ml 马来酸 buffer,6.67μl Antibody。

Detection buffer:0.1mol/L Tris · Cl,0.1mol/L NaCl(pH 9.5)。12.1g Tris 碱,5.85g NaCl,调 pH 至 9.5,定容到 1L,高压灭菌。

(四)操作步骤

1. DNA 酶切、电泳、转膜、紫外交联与同位素的 Southern bot 一样。

2. 探针标记:

(1)随机引物标记:

①模板定量:先用分光光度计测 OD 值,再用试剂盒中未标记的 DNA(瓶 2)作标准对照,递度稀释,跑电泳定量模板。

②1～1.5μg 左右的 DNA 模板加去离子水到 15μl,沸水中煮 10min,立即放置冰上 5min,然后在模板中依次加入如下试剂:

Hexanucleotide Mix,10×(瓶 5)	2μl
dNTP labeling Mix(瓶 6)	2μl
Klenow enzyme labeling grade(瓶 7)	1μl

混匀,离心甩一下后在 37℃标记 16～18h。

③用 2μl 0.5mol/L EDTA(pH 8.0)终止反应,100℃变性后放冰上待用。

(2)PCR 探针标记:

10×PCR Buffer	2.5μl
dNTP(DIG-dTTP)(瓶 6)	2.5μl
primer 1	1.0μl
primer 2	1.0μl
Template	0.5μl
Taq plus	0.3μl
ddH_2O	17.2μl
总体积	25μl

进行常规 PCR 扩增后,割胶回收产物,100℃变性后放冰上待用。

3. 预杂交、杂交:将尼龙膜放入杂交管,用干净玻璃棒驱除膜与管壁间的气泡,倒入预杂交液,42℃杂交炉中预杂交 4～6h,加入变性过的探针,杂交 16～24h。

4. 洗膜:2×SSC,0.1% SDS,洗 2 次,每次 10min;0.5×SSC,0.1% SDS,洗 10min。洗膜

时在 42℃水平摇床上或杂交炉中进行，洗净膜上非特异性结合的探针。

5. 免疫显色检测（所有操作均需要在摇床上摇动）：

（1）洗膜后，在 Washing buffer 中漂洗 3～5min。

（2）加 100ml 新配制的 1×封闭液封闭 40min。

（3）膜放入 1：20000 以上稀释的 50ml Antibody solution（AP 酶标的抗地高辛一抗）中，在室温 50r/min 水平摇床上反应 30～60min。

（4）加 100ml Wanshing buffer，在水平摇床上洗 5 次，每次 5min，摇床速度约 80r/min。

（5）加 20ml Detection buffer 洗 2～5min，以平衡 pH 作用。

（6）10ml 新配制的显色液，滴加时多块膜放在不同容器中，先在条带位置快速地从左到右滴加，以防止显色时间差异。

（7）肉眼观察，当条带出现需要的结果时，用去离子水快速漂洗终止显色反应，拍摄显色结果。

第三节　杂交反应的条件及参数的优化

不同的反应条件对杂交结果的影响如下：

1. 根据杂交液的体积确定杂交的时间。一般来说使用较小体积的杂交液比较好，因为在小体积溶液中，核酸重新配对的速度快、探针用量少，从而使膜上的 DNA 在反应中起主要作用；但在杂交中必须保证有足够的杂交溶液覆盖杂交膜。

2. 根据所用的杂交溶液确定杂交的温度。一般来说，杂交相为水溶液时，则在 65℃或 68℃杂交，而在 50%甲酰胺溶液中时，则在 42℃下杂交。

3. 根据探针与被检测目标之间的同源程度选择清洗的程度，如具有很高的同源性可选用严紧型洗脱方式（高浓度 SSC），反之则选用非严紧型洗脱方式（低浓度 SSC）。洗脱通常在低于杂交体解链温度 12～20℃的条件下进行。解链温度（Melting temperature，Tm）是指在双链 DNA 或 RNA 分子变性形成分开的单链时光吸收度增加的中点处温度。通常富含 G·C 碱基对的序列比富含 A·T 碱基对序列的 Tm 高。

4. 根据标记探针的浓度及其比活性，选择不同的杂交条件及检测方法。一般使用新的同位素可获得较强的信号。

5. 在水溶液中杂交时，用 6×SSC 或 6×SSPE 溶液的效果都一样。但在甲酰胺溶液中杂交时，应该用具有更强缓冲能力的 6×SSPE。

上述这些条件的改变，对杂交的结果有不同的影响，应根据研究的具体情况，选用适当的方法。

第十二章　RFLP 和 RAPD 技术

第一节　概　述

DNA 分子水平上的多态性检测技术是进行基因组研究的基础。自从 1975 年 Crodzicker 等人第一次利用限制片段长度多态性(Restriction Fragment Length Polymorphism, RFLP)进行腺病毒血清型突变体基因组作图以来，人们便开始广泛利用 DNA 分子水平上的多态性进行基因组遗传图谱构建、基因定位以及生物进化和分类的研究。同时也发展了越来越多的检测 DNA 分子水平多态性的技术，例如利用 VNTP(Variable Number Tandem Repeat，数目可变的串联重复序列)、CAS(Coupled Amplification and Sequencing，联合扩增测序)、Satellite DNA 等进行 DNA 分子水平多态性检测方法。RFLP 是根据不同品种的基因组的限制性内切酶的酶切位点碱基发生突变，或酶切位点之间发生了碱基的插入、缺失，导致酶切片段大小发生了变化，这种变化可以通过探针杂交进行检测。

1990 年 Williams 等人第一次运用随机引物扩增寻找多态性 DNA 片段作为分子标记，并将此方法命名为 RAPD(Random Amplified Polymorphic DNA，随机扩增的多态性 DNA)。尽管 RAPD 技术诞生的时间很短，但由于其独特的检测 DNA 多态性的方式以及快速、简便的特点，使这个技术已渗透于基因组研究的各个方面。

RAPD 技术建立于 PCR 技术基础上，它是利用一系列(通常数百个)不同的随机排列碱基顺序的寡聚核苷酸单链(通常为 10 聚体)为引物，对所研究基因组 DNA 进行 PCR 扩增、聚丙烯酰胺或琼脂糖电泳分离、EB 染色或放射性自显影来检测扩增产物 DNA 片段的多态性。这些扩增产物 DNA 片段的多态性反映了基因组相应区域的 DNA 多态性。

RAPD 所用的一系列引物 DNA 序列各不相同，但对于任一特异的引物，它同基因组 DNA 序列有其特异的结合位点。这些特异的结合位点在基因组某些区域内的分布如符合 PCR 扩增反应的条件，即引物在模板的两条链上有互补位置，且相距引物 3’端在一定的长度范围之内，就可扩增出 DNA 片段。因此，如果基因组在这些区域发生 DNA 片段插入、缺失或碱基突变就可能导致这些特定结合位点分布发生相应的变化，而使 PCR 产物增加、缺少或发生相对分子质量的改变。通过对 PCR 产物检测即可检出基因组 DNA 的多态性。分析时可用的引物数很大，虽然对每一个引物而言其检测基因组 DNA 多态性的区域是有限的，但是利用一系列引物则可以使检测区域几乎覆盖整个基因组。因此，RAPD 可以对整个基因组 DNA 进行多态性检测。另外，RAPD 片段克隆后可作为 RFLP 的分子标记进行作图分析。

本章将学习 RFLP 的酶切，电泳和膜的制作以及 RAPD 技术。探针标记及杂交检测方法请另详见第十一章核酸杂交技术。

第二节　RFLP 技术

一、设备

核酸电泳仪及电泳槽，玻璃或塑料板(比胶块略大)4 块等。

二、材料

基因组 DNA(大于 50kb，分别来自不同的材料)，限制性内切酶(*BamH* Ⅰ，*EcoR* Ⅰ，*Hind* Ⅲ，*Xba* Ⅰ)及其 10×限制性酶切缓冲液(不同的酶所使用的缓冲液已由厂家配好)，探针，Eppendof 离心管，0.8% Agarose 凝胶，尼龙膜，滤纸，吸水纸等。

三、试剂

1. 5×TBE 电泳缓冲液：配方见第一章，使用时稀释成 0.5×或 1×缓冲液。
2. 0.25mol/L HCl 溶液。
3. 变性液：0.5mol/L NaOH，1.5mol/L NaCl。
4. 中和液：1mol/L Tris·Cl，pH 7.5，1.5mol/L NaCl。
5. 20×SSC。
6. 其他与 Southern blot 分析需要的试剂。

四、操作步骤

1. 基因组 DNA 的酶解：

(1)大片断 DNA 的提取详见基因组 DNA 提取实验，要求提出的 DNA 相对分子质量大于 50kb，没有降解。

(2)在 50μl 反应体系中进行酶切反应：

基因组 DNA	5μg
10×Buffer	5μl
限制酶(任意一种)	20U

加 ddH_2O 至 50μl。

(3)轻微振荡混匀，离心甩一下，37℃酶切过夜。

(4)取 5μl 反应液，0.8%琼脂糖电泳，观察酶切是否彻底，这时不应有大于 30kb 的明显亮带出现。(注意：未酶切的 DNA 要防止发生降解，酶切反应一定要彻底)

2. Southern blot 分析：

(1)酶解的 DNA 跑 0.8%琼脂糖凝胶电泳(可 18V，过夜)，EB 染色，紫外分析仪观察。

(2)将凝胶块浸没于 0.25mol/L HCl 溶液中在水平摇床上脱嘌呤 15min。

(3)取出胶块，用去离子水漂洗，转至变性液 0.5mol/L NaOH，1.5mol/L NaCl 中，水平摇床上变性 30min。

(4)经去离子水漂洗后转至 1mol/L Tris·HCl，1.5mol/L NaCl 中和液中，在水平摇床上

30min，再换中和液 2 次，每次 20min。

(5)预先将尼龙膜、滤纸浸入水中，再浸入 20×SSC 中，用核酸杂交一章的毛细管现象转膜 16～24h。也可用电转移或真空转移。

(6)转移结束后，翻转尼龙膜，用铅笔在尼龙膜上标记加样孔的位置及正反面；尼龙膜于 6×SSC 中漂洗 5min，除去碎胶，取出膜置于滤纸上吸干，在干净滤纸上室温晾干 20～30min。

(7)紫外交联：膜正面朝上，能量 1200 紫外交联，或夹于两滤纸间，80℃烘烤 2h。交联好的膜用 2 张滤纸包裹后用保鲜膜包好，4℃保存待用或－20℃以下长期保存。

(8)预杂交：杂交管内加入 50ml 的 0.5mol/L Na_2HPO_4 Buffer，把已用 0.5mol/L Na_2HPO_4 Buffer 湿润的尼龙膜正面朝上放入杂交管，并使管壁与膜之间没有气泡，倒干 0.5mol/L Na_2HPO_4 Buffer，加入已 65℃预热的预杂交液，在 65℃、50r/min 条件下预杂交4～6h。

(9)探针制备：在预杂交时，同时制备同位素标记探针，具体参照本书第十一章。探针煮沸变性 5min 后放冰上 5min。

(10)杂交：装有变性探针的离心管在离心机上甩一下，用 200μl 移液枪吸取 50μl 变性探针。将移液枪垂直插入杂交管中，直接打入预杂交液中，盖好盖子后立即手动滚动杂交管混匀，重新放回杂交炉，65℃杂交炉中杂交 16～24h。

(11)洗膜：将膜从杂交液中取出，放入有预热洗液的洗液盒中，洗液分别为：2×SSC＋0.1% SDS、1×SSC＋0.1% SDS、0.5×SSC＋0.1% SDS，60℃下分别洗，每洗 10min 用手提式同位素检测仪测一下信号强度，具体洗涤次数和洗涤时间视信号强度而定。当背景信号在 10～20cpm 以下时即可压磷屏。

(12)压磷屏、信号扫描及结果分析。

第三节　RAPD 技术

一、设备

PCR 仪，PCR 管，核酸电泳装置等。

二、材料

不同来源的 DNA(50ng/μl)等。

三、试剂

1. 随机引物(10mer)(5μmol/L)：购买成品。
2. Taq 酶：购买成品。
3. 10×PCR 缓冲液：购买成品。
4. $MgCl_2$：25mmol/L。
5. dNTP：每种 2.5mmol/L。

四、操作步骤

1. 在 PCR 管中依次加入下列试剂：

模板 DNA	1μl(50ng)
随机引物	1μl(约 5pmol/L)
10×PCR Buffer	2.5μl
$MgCl_2$	2μl
dNTP	2μl
Taq 酶	0.15μl

加 ddH_2O 至 25μl，混匀稍离心。

2. 在 PCR 仪中 94℃ 预变性 2min，然后循环：94℃ 变性 45s，36℃ 复性 1min，72℃ 延伸 1min，共 40 轮循环，最后 72℃ 延伸 10min。

3. 取 PCR 产物 15μl，加 3μl 6×核酸上样缓冲液，混匀，2%琼脂糖凝胶上电泳，稳压 50～100V 电泳。

4. 电泳结束，观察、拍照、分析结果。

五、注意事项

1. 电泳时一般 RAPD 带有 5～15 条，大小 0.1～2.0kb。

2. 特异性的 DNA 带可以克隆作为一个新的分子标记应用。

第十三章　蛋白的原核表达技术

第一节　概　述

蛋白的原核表达系统由原核表达寄主菌及原核表达质粒组成，严格意义上还包括培养基、诱导剂等表达诱导条件。原核表达系统具有简单、快速、廉价、高产量、易纯化等优点，因此，该表达系统成为高效表达异源蛋白最常用的表达系统。但原核表达系统也有它的缺点，如产物多以包涵体形式存在、表达产物不能像真核表达那样进行糖基化、磷酸化、甲基化等修饰、有些表达产物没有生物活性。

基因的表达方式有多种，一些常见的表达方式如下：

1. 组成型表达：表达载体的启动子为组成型启动子，即可以一直不停地表达目的蛋白的表达方式，如 pMAL 系统的一些载体。

2. 诱导表达：表达载体采用诱导型启动子，只有在诱导剂存在的条件下才能表达目的蛋白。诱导表达有助于避免菌体生长前期高表达外源基因而对菌体生长的影响，又可减少菌体蛋白酶对目标蛋白的降解。

3. 分泌表达：在起始密码子和目的基因之间加入信号肽，可以引导表达蛋白穿越细胞膜，通常这种分泌只是分泌到细胞膜和细胞壁之间的周质空间，可避免表达产物在细胞内的过度累积而影响细胞生长，也可避免形成包涵体，且表达产物是可溶的活性状态而不需要蛋白复性。

4. 可溶性表达：大肠杆菌表达的蛋白是可溶于水的表达方式。

5. 融合表达：表达载体的多克隆位点前或后有一段融合表达标签(Tag)，表达产物为外源基因和标签的融合蛋白(分 N 端或者 C 端融合表达)。一般对于特别小的基因片段建议用较大的 Tag，如谷胱甘肽 S 转移酶(GST)、麦芽糖结合蛋白(MBP)以获得稳定表达；而一般的基因多选择小 Tag 以减少对目的蛋白的影响，如 6×His · tag 是最广泛采用的小 Tag。融合表达具有多方面的优点，如防止包涵体的形成、促进蛋白质的正确折叠、抑制蛋白酶解及方便纯化、检测。

RNA 聚合酶以很高的亲和性结合在基因调控区域的特定位子，这个特定位子是 DNA 链上一段能与 RNA 聚合酶结合并起始 RNA 合成的序列叫启动子。原核启动子是由两段彼此分开且又高度保守的核苷酸序列即－10 区和－35 区组成。在转录起始点上游 5～10bp 处，有一段由 6～8 个碱基组成的富含 A 和 T 的区域，称为 TATA 盒或－10 区。在距转录起始位点上游 35bp 处，有一段由 10bp 组成的区域，称为－35 区。转录时大肠杆菌 RNA 聚合酶识别并结合启动子。－35 区与 RNA 聚合酶 S 亚基结合，－10 区与 RNA 聚合酶的核心酶结合。细菌 RNA 聚合酶不能识别真核基因的启动子，因此原核表达载体所用的启动子必须是原核启动子。

原核生物 mRNA 在起始密码子 AUG 上游的 9～13 个核苷酸有一段可与核糖体结合的、富含嘌呤的 3～9 个核苷酸的共同序列，一般为 AGGA，称为核糖体结合位点，即 SD 序列。其中能与 rRNA 16S 亚基 3'端互补的 SD 序列对形成翻译起始复合物是必需的，表达载体启动子下游都有 SD 序列。

在一个真核基因的 3'端或一个原核操纵子的 3'端往往有特定的核苷酸序列，其具有终止转录功能，这一序列被称为转录终止子，简称终止子(terminator)。对 RNA 聚合酶起强终止作用的终止子在结构上有一些共同的特点，即有一段富含 A/T 的区域和一段富含 G/C 的区域，G/C富含区域又具有回文对称结构。这段终止子转录后形成的 RNA 具有茎环结构，并且有与 A/T 富含区对应的一串 U。在构建表达载体时，为了稳定载体系统，防止克隆的外源基因表达干扰载体的稳定性，一般都在多克隆位点的下游插入一段很强的核糖体 RNA 的转录终止子。

原核表达载体中常用的启动子及其特点如下：Lac 启动子(乳糖启动子)、Trp 启动子(色氨酸启动子)、Tac 启动子(乳糖和色氨酸的杂合启动子)、P_L 启动子(噬菌体的左向启动子)、T7 噬菌体启动子等启动子在原核表达载体中常用。它们具有如下特点：强启动子；待表达基因的产物要占或超过菌体总蛋白的 10%～30%；它必须表现最低水平的基础表达活性，即很低的本底表达；启动子具有简便和廉价的可诱导性。

1. Lac 启动子：它来自大肠杆菌的乳糖操纵子，是 DNA 分子上一段有方向的核苷酸序列。乳糖操纵子由阻遏蛋白基因(LacI)、启动基因(P)、操纵基因(O)和编码 3 个与乳糖利用有关的酶的基因(Z、Y、A)组成。Lac 启动子受分解代谢系统的正调控和阻遏物的负调控。在葡萄糖减少时，正调控通过效应蛋白 CAP 因子和 cAMP 来激活启动子，促使转录进行，利用乳糖。负调控则是由调节基因 i 产生阻遏蛋白，该阻遏蛋白能与 O 操纵基因结合阻止 RNA 聚合酶的结合而抑制转录。乳糖及某些类似物如异丙基硫代半乳糖苷(IPTG)可与阻遏蛋白形成复合物，使其构型改变，不能与 O 基因结合，从而解除这种阻遏，诱导转录发生。

2. trp 启动子：它来自大肠杆菌的色氨酸操纵子，其阻遏蛋白必须与色氨酸结合才有活性，阻止转录。当缺乏色氨酸时，该启动子开始转录。当色氨酸较丰富时，该启动子停止转录。β-吲哚丙烯酸可竞争性抑制色氨酸与阻遏蛋白的结合，解除阻遏蛋白的活性，促使 trp 启动子转录。

3. Tac 启动子：Tac 启动子是一组由 Lac 和 trp 启动子人工构建的杂合启动子，受 LacI 阻遏蛋白的负调节，它的启动能力比 Lac 和 trp 都强。其中 Tac 1 是由 Trp 启动子的－35 区加上一个合成的 46bp DNA 片段(包括 TATA box，即－10 区)和 Lac 操纵基因构成。Tac 12 是由 Trp 的启动子－35 区和 Lac 启动子的－10 区，加上 Lac 操纵子中的操纵基因部分和 SD 序列融合而成。故 Tac 启动子受 IPTG 的诱导。

4. P_L 启动子：它来自噬菌体早期左向转录启动子，是一种活性比 Trp 启动子高 11 倍左右的强启动子，受温度诱导(45℃)。P_L 启动子受控于温度敏感的阻遏物 cIts857，在低温(30℃)时，cIts857 阻遏蛋白可阻遏 P_L 启动子转录。在高温(45℃)时，cIts857 蛋白失活，阻遏解除，促使 P_L 启动子转录。

5. T7 启动子：它是来自 T7 噬菌体的启动子，具有高度的特异性，只有 T7 RNA 聚合酶才能使其启动转录，故可以使基因独自得到表达。这个系统可以高效表达其他系统不能有效表达的基因。但要注意用这种启动子时大肠杆菌宿主中必须含有 T7 RNA 聚合酶。T7 启动子是当今大肠杆菌表达系统的主流启动子，此功能强大且专一性高的启动子经过巧妙的设计而成为原核表达的首选，尤其以 Novagen 公司的 pET 载体系统为杰出代表。

T7 启动子完全专一受控于 T7 RNA 聚合酶，而高活性的 T7 RNA 聚合酶合成 mRNA 的速度比大肠杆菌 RNA 聚合酶快 5 倍，当两者同时存在时，宿主本身基因的转录竞争不过 T7 表达系统，几乎所有的细胞资源都用于表达目的蛋白；诱导表达后仅几个小时目的蛋白通常可以占到细胞总蛋白的 50%以上。

待表达的基因克隆于 T7 RNA 聚合酶启动子控制下的 pET 等质粒由 T7 RNA 聚合酶存在而表达，而大肠杆菌 RNA 聚合酶并不识别 T7 RNA 聚合酶的启动子，因此在 T7 RNA 聚合酶缺少时克隆在 pET 载体中的基因并不表达。由于大肠杆菌本身不含 T7 RNA 聚合酶，所以需要将外源的 T7 RNA 聚合酶引入宿主菌。噬菌体 DE3 是 lambda 噬菌体的衍生株，含有 lacI 抑制基因和位于 lac UV5 启动子下的 T7 RNA 聚合酶基因。原核表达系统的 T7 RNA 聚合酶基因的单个染色体拷贝是由噬菌体 DE3 溶原菌提供的，它含有在 lac（乳糖操纵子）UV5 启动子控制下的基因 int^- 衍生物。诱导表达对提供基因表达所需的 T7 RNA 聚合酶是一个方便的途径。T7 RNA 聚合酶整合到大肠杆菌染色体中形成溶源状态，只有受 IPTG 诱导的 lac UV5 启动子指导 T7 RNA 聚合酶基因转录，在培养体系中加入 IPTG 诱导 T7 RNA 聚合酶生产，继而质粒上的目的 DNA 开始转录。DE3 溶源化的菌株如 BL21(DE3) 就是最常用的表达菌株，构建好的表达载体可以直接转入表达菌株中，诱导调控方式和 lac 启动子一样都是 IPTG 诱导。因而，T7 RNA 聚合酶的调控模式就决定了 T7 表达系统的调控模式，非诱导条件下，可以使目的基因处于沉默状态而不转录，从而避免目的毒性基因对宿主细胞以及质粒稳定性的影响，即通过控制诱导条件控制 T7 RNA 聚合酶的量，就可以控制基因产物的表达量。T7 溶菌酶是一种 T7 RNA 聚合酶的天然抑制剂。BL21(DE3)pLysS 和 BL21(DE3)pLysE 表达菌株中分别含有 pLysS 和 pLysE 质粒，该质粒能提供 T7 溶菌酶给细菌细胞，即能提供低水平的溶菌酶，进一步抑制重组质粒的本底表达，使表达质粒稳定存在于细菌中，从而使大多数目的基因在 T7 RNA 聚合酶 T7 *lac* 启动子控制下获得高水平的诱导表达。BL21(DE3)是大肠杆菌 B 的衍生物，属于 F^- 并缺少 *Eco*B 限制-修饰系统、*lon* 蛋白酶和 *ompT* 蛋白酶，这些酶会在表达及纯化过程中降解蛋白。

目前，原核表达载体上应用的 T7 启动子是经过人工改造的 T7 lac 启动子，即在紧邻 T7 启动子的下游有一段 lacI 操纵子序列编码表达 lac 阻遏蛋白（lacI），lac 阻遏蛋白可以作用于宿主染色体上 T7 RNA 聚合酶基因前的 lac UV5 启动子并抑制其表达，也作用于表达载体 pET T7 lac 启动子，以阻断任何 T7 RNA 聚合酶导致的目的基因转录，即不仅 T7 RNA 聚合酶的染色体基因受到抑制，而在多拷贝 pET 质粒中的目的蛋白启动子也被封阻。因此，可以进一步抑制目的基因的基础表达。而加入 IPTG 后解离了阻遏物，使 T7 RNA 聚合酶和目的基因高水平表达。

pET 系列原核表达载体的特性：T7 lac 启动子、IPTG 诱导表达、6×His · Tag、kam^+ 或 Amp^+ 抗性。

6×His · Tag 融合蛋白常用金属螯合亲和色谱（又称固定金属离子亲和色谱）纯化。其原理是利用蛋白质表面的一些氨基酸，如组氨酸能与多种过渡金属离子 Ni^{2+}，Zn^{2+}，Cu^{2+}，Co^{2+}，Fe^{3+} 发生特殊的相互作用，利用这个原理可以把富含这类氨基酸的蛋白质吸附，从而达到分离的目的。由于这个原因，偶联这些金属离子的琼脂糖凝胶就能够选择性地分离出这些含有多个组氨酸的蛋白以及对这些金属离子有吸附作用的多肽、蛋白。半胱氨酸和色氨酸也能与这些金属离子结合，但这种结合力要远小于组氨酸残基与金属离子的结合力。结合蛋白的洗脱有两种方式，即咪唑和 pH 洗脱。咪唑洗脱的条件很温和，尤其适用于天然条件下纯化目的蛋白。洗脱时咪唑浓度范围 100～250mM，咪唑环结构与 His 相似而导致与 His 残基竞争性地结合 Ni^{2+} 位点，从而导致结合蛋白被竞争下来。His · Tag 融合标签上的组氨酸残基的 pK_a 值约为 6.0，在 pH 值降低(pH 4.5～5.3)时，组氨酸残基质子化，无法与 Ni^{2+} 结合，从而可以通过降低 pH 值洗脱目的蛋白。洗脱条件重复性很高，但针对每个特定 His · Tag 融合蛋白，需要具体摸索确定其最佳纯化条件。单体通常可以在约 pH 5.9 时洗脱下来，而聚合物和含有超过一个 His · Tag 标签的蛋白约在 pH4.5 时洗脱。由于 pH 值的降低可能影响纯化的目的蛋白的活性。

pGEX 系列原核表达载体 pGEX-4T(5X、6P)-1，2，3 的特性：Tac 启动子、IPTG 诱导表达、N-端 GST · Tag、Amp^{+} 抗性、含 Thrombin(凝血酶)或 Factor Ⅹa 蛋白酶切位点。

谷胱甘肽 S 转移酶(GST)来源于日本血吸虫的 26kDa 大小的 GST，是一种蛋白分子伴侣，可增加外源蛋白的可溶性，提高其表达量。小分子量的目的蛋白由于与 GST 标签融合表达的蛋白分子量变大而不容易降解。GST 融合表达蛋白的纯化原理：检测和纯化 GST 融合蛋白的关键在于选择能识别并特异性结合 GST 的特定配体，其中 GST 的底物即谷胱甘肽是较佳的候选对象。目的蛋白结合在谷胱甘肽亲和层析柱上后通过高浓度的谷胱甘肽溶液竞争结合融合蛋白达到洗脱纯化的目的。目前 GST 融合表达系统表达的融合蛋白均使用市售的谷胱甘肽亲和层析系统纯化，如 Glutathione-Resin 或 Glutathione-Sepharose 4B 亲和层析柱(GE 公司)。

pMAL 系列表达载体是一种高效的蛋白融合表达系统。pMAL 载体含有编码麦芽糖结合蛋白(Maltose Binding Protein，MBP)的大肠杆菌 malE 基因，其下游的多克隆位点便于目的基因插入，表达 N 端带有 MBP 的融合蛋白。通过 Tac 强启动子和 malE 翻译起始信号使克隆基因获得高效表达，与 MBP · Tag 融合表达极大地提高了蛋白的可溶性。并可利用 MBP 对麦芽糖的亲和性达到用 Amylose 柱对融合蛋白的一步亲和纯化。该载体大小为 6.7kb 左右，载体的宿主菌为 *E. coli* TB1，氨苄青霉素抗性。MBP 标签较大，约有 48kDa，部分研究中需要去除该标签。pMALTM-p5 和 pMALTM-c5 系列载体经过了改良，代替了原有的 pMALTM-p4 和 pMALTM-c4 系列载体，使目的蛋白与 MBP 结合更紧密。同时，它们含有与 NEB 其他表达系统相兼容的多克隆位点。pMAL-c5 系列载体删除了 *mal* E 信号序列，融合蛋白将在细胞质中表达。pMAL-p5 系列载体含有 *mal* E 信号序列，它将引导融合蛋白穿越质膜。所有的载体都含有一段特异性蛋白酶识别位点序列，融合蛋白纯化后，通过蛋白酶可将目的蛋白与 MBP 标签切割分离。

pMAL 系统的优势：75%的蛋白可获得高效表达，蛋白产量可达 100mg/L；与其他几种常用表达系统研究比较，与 MBP 融合表达更能提高 *E. coli* 表达蛋白的可溶性；采用麦芽糖温和洗脱，无去污剂或变性剂对蛋白活性的影响；可在细胞质或周质中表达(pMAL-p2X 载体)，周质表达可提高二硫键的形成，促进蛋白折叠的形成。

MBP 融合蛋白的纯化原理：Amylose 是一种亲和基质，由直链淀粉和琼脂糖构成，可以与带 MBP 标签的融合蛋白特异性结合。目的蛋白结合在 Amylose 树脂上后通过高浓度的麦芽糖溶液竞争结合融合蛋白达到洗脱纯化的目的。

pET 系列及 pGEX 系列载体可在 BL21(DE3)、BL21(DE3)pLysS、提供稀有密码子 tRNA(AUA，AGG，AGA，CUA，CCC 和 GGA 等)的 BL21-CodonPlus(DE3)-RiLp、Rossatta、codonplus(BL21)、RS21 等原核表达的寄主菌中表达，而 pMAL 质粒在 TB1 菌株中表达。

原核表达中可能遇到的问题及注意事项如下：

1. 基因含稀有密码子：可能因基因中稀有密码子而出现无蛋白表达或出现截断蛋白表达。真核细胞偏爱的密码子和原核细胞不一样，因此，在原核系统表达真核基因的时候，真核基因的一些密码子对于原核细胞来说是稀有密码子，从而导致表达效率和表达水平很低。Arg(精氨酸)密码子 AGA，AGG，CGG，CGA，Ile(异亮氨酸)密码子 AUA，Leu(亮氨酸)密码子 CUA，Gly(甘氨酸)密码子 GGA 和 Pro(脯氨酸)密码子 CCC 在 *E. coli* 中很少使用，当异源目的基因的 mRNA 在 *E. coli* 中表达时，tRNA 的数量直接反映了 mRNA 的密码子偏性。多数氨基酸有不止一个密码子，而不同的生物使用这 61 种密码子的偏爱性不同。每种细胞里，tRNA 种类和数量直接反映了其 mRNA 使用密码子的种类和数量的偏爱性。当外源目的基因 mRNA 在 *E. coli* 中表达时，由于密码子偏爱性不同，会因为缺乏某种或某几种 tRNA 而直接导致翻译终止或错误。tRNA 不足会造成翻译停顿、早期翻译停止、移码突变和氨基酸突变等问题。一个或多个的稀有密码子可能导致翻译的停止，尤其在 N 端。成串或多个稀有密码子时，外源蛋白的表达往往非常低，且产生不完全产物即截断表达产物。含有稀有密码子的基因可以在添加稀有密码子的 tRNA 的菌株(如 BL21-CodonPlus(DE3)-RiLp，Rosetta，RS21 等)中表达，可以大大提高表达蛋白的产量和质量。

2. 基因或蛋白的大小：一般来说小于 5kDa 或大于 100kDa 的蛋白均难以表达，蛋白越小越容易被降解，但可以加入融合标签 GST、trxA、MBP 等，对于大于 60k 的 D 蛋白建议使用含较小标签载体，如 6×His · tag。

3. 蛋白的亲疏水性：亲水性基因的表达量会较高，但疏水性的基因则难表达，如要表达的蛋白是一个膜蛋白，因其疏水性高而很难表达。

4. 信号肽：进入内质网的蛋白质 N 端有一额外的肽段，即基因的 5'端有一段 DNA 序列，编码 15～25 个氨基酸的疏水性的肽段，但在成熟的分泌蛋白及膜蛋白中不存在该肽段。基因的信号肽整体上往往是疏水性的，或具有毒性，在表达时应除去。预测信号肽的网站 http://www. cbs. dtu. dk/services。

5. 毒性基因：表达蛋白对细菌细胞有毒性时细胞生长困难，加诱导剂后细菌不生长或死亡，说明基因表达产物对细菌细胞有毒。可以低温、低浓度的诱导剂诱导表达，更严格控制本底表达，如用含 pLysS 和 pLysE 菌株表达。

6. 目的 mRNA 和蛋白不稳定而表达量低：可以在 15～25℃诱导表达，低温较长时间的表达有利于蛋白的稳定表达。

7. 表达蛋白形成包涵体：包涵体是变性的表达蛋白、细菌碎片及细菌核酸组成的致密结构，因蛋白表达过快、表达量过高造成二硫键形成困难而产生。与分子伴侣共表达是一种有效提高蛋白质可溶性和折叠效率的途径，另外可在低温用低浓度的诱导剂诱导表达，控制表达速度。但即便在分子伴侣存在的条件下，仍有多种因素使得过量表达的蛋白不能折叠成其天然构象。这些因素包括缺乏二硫键和/或翻译后修饰的酶。促进二硫键形成的菌株(如带有谷胱甘肽还原酶(gor)突变和/或硫氧还蛋白还原酶(trxB)突变的菌株 Origami、Rosetta-gami 菌株)和改变培养基的 pH 值也可控制包涵体的形成。因此,正确选用合适的载体和宿主菌组合会明显提高目的蛋白可溶部分比例及活性。载体可以通过以下三种方式改善目的蛋白的溶解性或正确折叠:

(1)与本身溶解性高的多肽序列融合表达,例如谷胱甘肽 S 转移酶(GST)、硫氧还蛋白(Trx)及 NusA(N utilization substance A)。

(2)与催化二硫键形成的酶融合表达,例如 Trx、DsbA 及 DsbC。

(3)与信号序列融合表达,输出到细胞周质。如采用蛋白定位于细胞质的表达载体,可选用允许二硫键在胞质中形成的宿主菌株来使目的蛋白正确折叠,如带有 *trxB* 和 *gor* 突变的菌株。

8. 培养基也可影响基因的表达:细菌培养基除 LB 外,可用 TB、M9、M9ZB 等培养基,一些公司如 Novagen 公司还提供特殊的培养基。

第二节　基因的诱导表达及表达产物的分析

一、设备

恒温摇床,水平摇床,离心机,超声波细胞破碎仪,蛋白电泳仪,移液器等。

二、材料

原核表达载体及其表达菌等。

三、试剂

1. 1mo/L IPTG 储存溶液:0.238mg/ml。
2. LB 液体培养基。
3. 超声波反应缓冲液:50mmol/L Tris 醋酸,pH 7.5,10mmol/L EDTA,5mmol/L DTT,现用现配。
4. 裂解缓冲液:100mmol/L NaH_2PO_4,10mmol/L Tris · Cl,8mol/L Urea,pH 8.0:15.6g $NaH_2PO_4 \cdot 2H_2O$,1.2g Tris,480.5g Urea,用浓盐酸调 pH 至 8.0,定容到 1L。

四、操作步骤

1. 参照本书前面的相关章节进行基因克隆、表达载体的构建、载体转化表达菌株。
2. 从平板上挑出单菌落接种在 5ml 含相应抗生素的 LB 液体培养基中,37℃摇床培养过夜,约 10～13h。
3. 将过夜培养菌液以 1∶100 的比例转接到含相应抗生素的 5ml LB 液体培养基中,37℃摇床继续培养至 OD_{600} 达 0.4～0.6,约 2～3h。
4. 加入 1mol/L IPTG 至终浓度为 0.05～5mmol/L,继续培养 4h。
5. 取 300μl 菌液,12000r/min 离心 2min,弃上清后用 50μl 2×SDS-PAGE 上样缓冲液悬

浮沉淀，100℃变性 5～10min，12000r/min 离心 5min，上清为总蛋白样品。

6. 取剩余菌液，离心弃上清，加入 5ml 超声波反应缓冲液悬浮沉淀，超声 2s，间隔 3s，超声 5min 后 12000r/min 离心 5min，取 10μl 上清，加入 10μl 2×SDS-PAGE 上样缓冲液，100℃变性 5～10min，得可溶部分样品。

7. 用 500μl 裂解缓冲液悬浮沉淀，取 10μl，加入 10μl 2×SDS-PAGE 上样缓冲液，100℃变性 5～10min，得不溶部分样品，即包涵体部分。

8. 上述总蛋白样品、可溶部分样品和包涵体部分样品进行 SDS-PAGE 电泳和以融合标签的抗体为探针进行 Western blot 分析，分析蛋白是否表达、表达蛋白是以可溶性还是以包涵体形式表达，然后进行蛋白的大量诱导表达及纯化。

五、注意事项

1. 以转入无插入片断的空表达载体的 BL21 为阴性对照，诱导前后的全菌总蛋白样品作对照。

2. 构建的表达载体先转化到 DH5α 中，经 PCR、酶切、测序确认后再转化到 BL21 系列的表达菌中进行诱导表达。

3. 6×His 融合的外源蛋白多在包涵体中表达，如需获得可溶性表达蛋白，可优化培养条件，如降低培养温度(可降低至 19～28℃)、降低 IPTG 浓度等。如无法达到实验要求的表达水平，可考虑改用 GST、TrxA 等融合表达载体。

4. 含有稀有密码子的基因可在宿主菌中添加稀有密码子 tRNA 的菌株(如 rossatta、RS21 等菌株)中表达，蛋白产量可大大提高。

第三节　6×His 融合蛋白的大量表达及 8M 尿素变性条件下用镍离子纯化蛋白

一、设备

恒温摇床，水平摇床，离心机，超声波细胞破碎仪，蛋白电泳仪，移液器等。

二、材料

原核表达载体及其表达菌等。

三、试剂

1. 1mol/L IPTG 储存溶液。
2. 缓冲液 B(pH 8.0)：8mol/L Urea，0.1mol/L NaH_2PO_4，0.01mol/L Tris · Cl。
3. 缓冲液 C(pH 6.3)：8mol/L Urea，0.1mol/L NaH_2PO_4，0.01mol/L Tris · Cl。
4. 缓冲液 D(pH 5.9)：8mol/L Urea，0.1mol/L NaH_2PO_4，0.01mol/L Tris · Cl。
5. 缓冲液 E(pH 4.5)：8mol/L Urea，0.1mol/L NaH_2PO_4，0.01mol/L Tris · Cl。
6. Ni^{2+}-NTA Agarose。

四、操作步骤

1. 基因克隆、表达载体的构建、载体转化入表达菌株见本书前面相关章节。

2. 从平板上挑出单克隆菌落接种在5ml含相应抗生素的LB液体培养基中，37℃摇床培养过夜，约10～13h。

3. 将过夜培养菌液以1∶100的比例转接到100～500ml含相应抗生素的LB液体培养基中，37℃摇床继续培养至OD_{600}达0.4～0.6，约2～3h。

4. 经合适浓度的IPTG诱导表达4h后，6000g离心10min沉淀细菌，彻底去上清。

5. 细菌沉淀用3～5ml左右的缓冲液B悬浮后于室温振摇约40～60min使菌体充分裂解，可再用超声波破碎，15000g离心10min。

6. 取上清液，加入0.5～1ml Ni^{2+}-NTA Agarose，混匀后于室温、水平摇床上缓慢摇动约1h。

7. 将混合液装入小柱，室温下让其缓慢下流，所收集液体为B洗液。

8. 待液体流尽后用10ml缓冲液C洗柱3～4次，每次3ml，所接液体可放一起，为C洗液。

9. 4ml缓冲液D洗柱4次，每次1ml，分4管收集，分别为D1、D2、D3、D4洗液。

10. 最后用2ml缓冲液E洗柱4次，每次0.5ml，分4管收集，分别为E1、E2、E3、E4洗脱液。

11. 上述B洗液、C洗液、D1、D2、D3、D4洗液，E1、E2、E3、E4洗脱液跑SDS-PAGE电泳分析纯化情况。

12. 纯化的蛋白用0.01mol/L PBS透析后－80℃冰箱保存备用。

13. 蛋白的透析及复性：由于纯化的蛋白液中含有高浓度的尿素，需要透析逐步除去尿素并使蛋白复性。在大的烧杯中放满透析液，透析袋中放入纯化的蛋白溶液，透析袋两头用透析夹夹紧，放在1000ml透析液中4℃冰箱搅拌透析。透析液依次为含6mol/L尿素的0.01mol/L PBS、5mol/L尿素的PBS、4mol/L尿素的PBS、3mol/L尿素的PBS、2mol/L尿素的PBS、1mol/L尿素的PBS、0.5mol/L尿素的PBS、PBS，5h换一次透析液，透析后5000r/min离心5min，上清即为复性蛋白。复性蛋白放－80℃冰箱保存备用。

五、注意事项

1. 各种缓冲液配好后在短期内使用，时间过长会析出、降解。配好的缓冲液放4℃冰箱保存。使用前各缓冲液需要重新调pH值。

2. B缓冲液和Ni^{2+}-NTA Agarose的量可根据菌量大小及蛋白表达水平适当调整，菌液浓时多加点，稀时少加些；蛋白表达量高时Ni^{2+}-NTA Agarose多加些，表达量低时Ni^{2+}-NTA Agarose少加些。

3. 加B缓冲液裂解时要看到菌液基本变成澄清时裂解才完全。

4. 加Ni^{2+}-NTA Agarose后水平摇床的速度稍慢，大约40r/min，速度快影响结合，速度慢Ni^{2+}-NTA Agarose会下沉。

5. 以转入无插入片断的空表达载体的BL21为阴性对照，诱导后的全菌总蛋白样品作阴性对照。

6. 连接后的表达载体先转化到DH5α中，经PCR、酶切、测序确认后再转化到表达菌株

（如 BL21 系列的表达菌）中。

7. 6×His 融合的表达蛋白多以包涵体的形式表达，如需获得可溶表达蛋白，可优化培养条件，即降低表达速度，如降低培养温度（可低至 16～28℃），降低 IPTG 浓度等。

8. E2 洗脱液为最浓最纯蛋白，免疫动物时一般用此管洗脱液。

9. 纯化好的蛋白须放在－80℃冰箱保存，在－20℃冰箱保存时很易降解。

10. 透析袋的处理：

（1）将透析袋剪成适当大小（10～20cm 长）。

（2）用大体积的 2%（W/V）碳酸氢钠（含 1mmol/L EDTA，pH 8.0）将透析袋煮沸 10min。

（3）用蒸馏水彻底清洗透析袋，备用。

（4）待透析袋冷却后置于 4℃下保存，确保透析袋被浸没在灭菌的去离子水中，拿透析袋时需要戴一次性塑料手套。

（5）在使用前透析袋内外用蒸馏水清洗。

第四节　镍离子在自然条件下纯化 6×His 融合蛋白

一、设备

恒温摇床，水平摇床，离心机，蛋白电泳仪，超声波细胞破碎仪，移液器等。

二、材料

原核表达载体及其表达菌等。

三、试剂

1. Ni^{2+}-NTA Agarose。

2. 裂解缓冲液：50mmol/L NaH_2PO_4，300mmol/L NaCl，10mmol/L 咪唑，用 NaOH 调 pH 至 8.0。

3. 溶菌酶（lysozyme）。

4. 洗涤缓冲液：50mmol/L NaH_2PO_4，300mmol/L NaCl，20mmol/L 咪唑，pH 8.0。

5. 洗脱缓冲液：50mmol/L NaH_2PO_4，300mmol/L NaCl，250mmol/L 咪唑，pH 8.0。

四、操作步骤

1. 基因克隆、表达载体的构建、载体转化表达菌株、细菌培养、诱导表达、细菌离心收集步骤参照本章第三节。

2. 细菌沉淀用 5～10ml 裂解缓冲液悬浮（每 100ml 菌液），加溶菌酶到终浓度为 1mg/ml，冰浴 30min。

3. 200～300W 超声波超声 60 次，超声 3s，停 5s，全过程均在冰上完成。

4. 在 4℃下 10000r/min 离心 20min。

5. 取上清液，加入 1ml Ni^{2+}-NTA Agarose，混匀后于 4℃水平摇床上缓慢摇动约 60min。

6. 将上述混合液装入一小柱，让柱中液体缓慢下流。

7. 待液体流尽后用 4ml 洗涤缓冲液洗柱。

8. 用 0.5ml 洗脱缓冲液洗柱，共 4 次，收集洗脱液。

9. 收集的洗脱液跑 SDS-PAGE 电泳，分析洗脱液中蛋白的纯度和浓度。

10. 用 0.01mol/L PBS 透析消除咪唑，纯化蛋白 −80℃保存待用。

五、注意事项

如何降低非特异性结合？使用 His · Bind 方法纯化目的蛋白时，天然条件与变性条件相比，可能有更多杂蛋白与树脂非特异性结合。裂解/结合缓冲液和漂洗缓冲液中加入低浓度的咪唑（10～20mmol/L），有助于减少非特异性结合。His · Tag 标签通过 6～10 个组氨酸残基上的咪唑环与 Ni^{2+} 离子结合，而咪唑本身也可与 Ni^{2+} 结合，破坏分散的组氨酸的咪唑环与 Ni^{2+} 的作用。6～10 个连续组氨酸标签与 Ni^{2+} 的结合力很强，所以低浓度的咪唑的存在能降低杂蛋白的非特异性结合。对于多数蛋白来说，在裂解/结合缓冲液和漂洗缓冲液加入高达 20mmol/L 的咪唑都不会影响目的蛋白产量，若目的蛋白在此条件下无法结合到树脂上，咪唑的浓度可以调至 1～5mmol/L。

第五节　GST 融合蛋白的表达及其亲和层析纯化

一、设备

恒温摇床，水平摇床，离心机，蛋白电泳仪，超声波细胞破碎仪，移液器等。

二、材料

原核表达载体及其表达菌基等。

三、试剂

1. 1mol/L IPTG 储存溶液。

2. LB 液体培养基。

3. 10 × PBS：1.4mol/L NaCl，27mmol/L KCl，101mmol/L Na_2HPO_4，18mmol/L KH_2PO_4，pH 7.3。

4. 稀释缓冲液：50mmol/L Tris · Cl(pH 8.0)。

5. 洗脱缓冲液：0.154g 还原型谷胱甘肽溶于 50ml 稀释缓冲液。

6. 20％Triton X-100：50ml NaH_2PO_4（3.12g NaH_2PO_4 溶于 100ml 水中）与 50ml 去离子水混匀后，用 NaOH 调 pH 至 7.0，然后加入 20ml Triton X-100 摇匀即可。

四、操作步骤

1. 基因克隆、表达载体的构建、载体转化表达菌株参照本书前面相关章节。

2. 将含有重组质粒的单菌落接种于 5ml 含 Amp 的 LB 液体培养基中，37℃振荡培养过夜。

3. 将过夜培养菌以 1∶100 比例转接于 100～500ml 含 Amp 抗生素的 LB 液体培养基中，37℃摇床继续培养至 OD_{600} 达 0.4～0.6，约 2～3h；加入诱导物 IPTG 至终浓度 0.1～5mmol/L，打开盖子 37℃继续振荡培养 4h。

4. 12000r/min 离心 10min 收集菌体，弃尽上清后置于冰上。

5. 每毫升离心菌体用 50μl 预冷的 1×PBS 重悬浮，加入 20%的 Triton X-100 使其终浓度为 1%，加 10mg/ml 的溶菌酶(每 100μl 菌液加 1μl 溶菌酶)，冰浴处理 30min。

6. 200～300W 超声波超声 60 次，每次超 3s，停 5s，全过程均在冰上完成。

7. 4℃下 12000r/min 离心 10min；上清用直径为 0.45μm 的细菌过滤器过滤 1 次。

8. GST-Sepharose 4B 亲和层析柱用 20ml 1×PBS 清洗 1 次。

9. 用 6ml PBS+1% Triton X-100 平衡层析柱。

10. 将过滤的上清缓慢加入到层析柱中，待液体流尽。

11. 用 20ml PBS 洗层析柱 3 次，待液体流尽。

12. 用含 5～10mmol/L 还原型谷胱甘肽的洗脱缓冲液洗脱蛋白，每次 2ml，重复 3 次，分管收集。

13. PBS 缓冲液透析后－80℃保存纯化蛋白，并用 SDS-PAGE 分析纯化蛋白的纯度和浓度。

第六节　MBP 融合蛋白的表达及其亲和层析纯化

一、设备

恒温摇床，水平摇床，离心机，超声波细胞破碎仪，蛋白电泳仪，移液器等。

二、材料

原核表达载体及其表达菌基等。

三、试剂

1. 1mol/L IPTG 储存溶液。
2. 0.5mol/L PBS 磷酸缓冲液，pH 7.5。
3. 溶菌酶(Lysozyme)。
4. 麦芽糖。
5. Amylose resin。
6. Elution Buffer：0.5mol/L PBS 磷酸缓冲液(pH 7.5)，10mmol/L 麦芽糖。

四、操作步骤

1. 基因克隆、表达载体的构建、载体转化表达菌株参照本书前面相关章节。
2. 挑含有重组质粒单菌落接种于 5ml LB 液体培养基中，振摇培养过夜。

3.将过夜培养菌以 1∶100 的比例转接于 200ml 含抗生素的 LB 新鲜液体培养基中，37℃摇床继续培养至 OD_{600} 达 0.4～0.7，约 2～3h。

4.加入 IPTG 至终浓度 0.1～5mmol/L，继续培养 4h，冰上放 15min；12000r/min 离心 10min 收集菌体。

5.按 2～5ml/g 菌体的比例用 0.5mol/L PBS 磷酸缓冲液悬浮菌体；加入 Lysozyme 至终浓度 1mg/ml，冰浴 30min。

6.200～300W 超声波超声 60 次，每次超 3s，停 5s；全过程均在冰上完成。

7.在 4℃下 10000r/min 离心 25min，取上清。

8.加 1ml Amylose resin 到 4ml 上清中，混合后在 4℃水平摇床上 50r/min 摇动 60min。

9.收集 Amylose resin 装柱，用 PBS 洗柱两次，每次用 5ml PBS。

10.0.5ml Elution Buffer(PBS 中加入 10mmol/L 麦芽糖)洗 4 次，收集洗脱液，分别标为 E1、E2、E3、E4。一般 E2 收集液中的蛋白浓度最高、纯度最好。

11.用 SDS-PAGE 电泳分析纯化蛋白；纯化蛋白－80℃保存待用。

第十四章 酶联免疫吸附试验

第一节 概 述

1971年，瑞典学者Engvall和Perlman第一次建立了酶联免疫吸附试验(Enzyme-linked immunosorbent assay, ELISA)，使对抗原和抗体的检测可以通过简单的颜色反应或发荧光来实现，是目前抗原和抗体检测中最常用的方法，它是一种把抗原、抗体的免疫反应和酶的高效催化反应有机结合在一起的免疫学检测技术。该免疫学检测技术发展十分迅速，目前已被广泛用于生物学、生物化学与分子生物学和医学的各个领域。与其他血清学方法相比，该方法具有灵敏度高、特异性好、操作简单、安全、高通量等优点。

ELISA的原理是：结合在固相载体(ELISA酶标板)表面的抗原或抗体仍保持其免疫学活性，且酶标记的抗体既保留其免疫学活性，又保留酶的活性；在测定时，待检样品(测定抗体或抗原)与已固化的固相载体表面的抗原或抗体起免疫结合反应；用洗涤的方法使固相载体上形成的已固化的抗原抗体复合物与液体中的其他游离物质分开；再加入酶标记的抗抗体(即酶标二抗)或酶标一抗也通过免疫结合反应而结合在固相载体上，此时固相载体上的酶量与样品中受检抗体或抗原的量呈正比例；加入酶的底物后，底物被酶催化成为有色产物(或发荧光)，颜色的深浅或荧光的强弱(可借助肉眼观测底物颜色变化或用酶标仪测定光密度)与样品中受检抗体或抗原的量呈正相关，故可根据呈色的深浅或荧光的强弱进行抗体或抗原的定性或定量分析。

由于酶的催化效率很高，间接地放大了免疫反应的结果，使该测定方法达到很高的敏感度；且抗原抗体反应具有特异性，因而该方法也具有很好的特异性。ELISA可进行大样本的检测，并可在酶标仪上迅速读出结果。现已有仪器用于包括加样、洗涤、孵育、显色、比色等ELISA自动化操作，实行自动化检测。

影响ELISA试验的因素：

1. 固相载体，即ELISA酶标板

最常用的ELISA载体物是聚苯乙烯，聚苯乙烯具有较强的吸附蛋白质的性能，且抗体或蛋白质抗原吸附后仍保留原来的免疫活性。聚苯乙烯为塑料的一种，可制成各种形状，而且其作为载体不参与免疫化学反应。ELISA最常用的载体为微量反应板，也称为ELISA板或ELISA酶标板，其国际通用的标准板形是8×12的96孔式。为便于少样本的检测，有制成可拆的8联孔条，放入ELISA座架后使用，座架大小与96孔标准ELISA板相同。良好的ELISA酶标板应具有吸附性好、空白值低、孔底透明度高、各板之间和同一板各孔之间性能相近等特性。

2. 抗原和抗体

在 ELISA 实验过程中，抗原和抗体的质量是实验是否成功的最关键因素。ELISA 中的已知抗原要求纯度高，已知抗体要求效价高、特异性好、亲和力强。用于 ELISA 的抗体有多克隆抗体（即抗血清）和单克隆抗体两种。抗血清成分复杂，应从中提取 IgG 才可用于包被固相载体或酶标记。含单克隆抗体的小鼠腹水中的特异性抗体含量较高，有时可适当稀释后直接进行包被。制备酶标记抗体的抗体要有较高的纯度，经硫酸铵盐析初纯化的 IgG 可进一步用亲和层析法提纯特异性 IgG。

3. 包被

固相化的抗原或抗体称为免疫吸附剂。在 ELISA 板上将抗原或抗体固相化的过程称为包被（coating），即将抗原或抗体结合到固相载体 ELISA 板微孔表面的过程。蛋白质与聚苯乙烯固相载体 ELISA 板是通过物理吸附结合的，靠的是蛋白质分子结构上的疏水基团与固相载体表面的疏水基团间的作用。这种物理吸附是非特异性的，受蛋白质的相对分子质量、等电点、浓度等的影响。ELISA 板对不同蛋白质的吸附能力是不同的，大分子蛋白质较小分子蛋白质通常含有更多的疏水基团，故更易吸附到固相载体表面。而小分子的半抗原如抗生素、农药、小肽等几乎不能吸附于 ELISA 板。半抗原的包被一般需先使其与载体蛋白质如牛血清白蛋白（BSA）、卵清蛋白（OVA）等偶联，借助于偶联物中的载体蛋白与 ELISA 固相载体的吸附，间接地结合到 ELISA 固相载体表面。抗体 IgG 对聚苯乙烯等固相载体具有较强的吸附力，其吸附多发生在 Fc 段上，抗体的抗原结合点暴露于外。

包被的抗原或抗体的浓度、包被的温度和时间、包被液及其 pH 等应根据试验的特点和材料的性质而选定。抗体和蛋白质抗原一般采用 pH9.6 的 0.05mol/L 碳酸盐缓冲液作为包被液，也有用 pH7.2 的磷酸盐缓冲液或 pH7～8 的 Tris · Cl 缓冲液作为抗体的包被液。包被的温度和时间通常为 4～8℃冰箱中放置过夜或 37℃中孵育 2～4h。包被的最适浓度随固相载体和包被物的性质可有很大的变化，每批材料需通过预实验确定。一般蛋白质的包被浓度为 1～10μg/ml。

4. 封闭

封闭（blocking）是继包被之后用高浓度的无关蛋白质溶液再包被的过程。当包被液中的抗原或抗体浓度过低，包被后 ELISA 板中的微孔表面不能被此蛋白质完全覆盖而留下未被占据的空隙，其后加入样品中的蛋白质和抗体也会部分地吸附于固相载体表面的这些空隙处，最后产生非特异性显色或发荧光而导致背景偏高。封闭就是让大量不相关的蛋白质填充这些空隙，从而排斥在 ELISA 其后的步骤中干扰物质的再吸附。最常用的封闭剂是 0.5%～3%牛血清白蛋白（BSA）、2%～8%小牛血清、1%明胶、2%～5%脱脂奶粉。脱脂奶粉是一种良好的封闭剂，其最大的特点是价廉和封闭效果好，但封闭后的 ELISA 载体不易长期保存，故在实验室非常常用，而在试剂盒中一般不用。

5. 洗涤

洗涤在 ELISA 过程中虽不是反应步聚，但却是决定实验成败的关键步骤之一。洗涤的目的是洗去反应液中没有与固相抗原或抗体结合的游离的抗体或抗原、反应过程中非特异性吸附于固相载体的干扰物质以及样品中的其他杂质。聚苯乙烯塑料对蛋白质的吸附作用是普遍性的。因此在 ELISA 测定的反应过程中应尽量避免非特异性吸附，而在洗涤时又应把这种非特异性吸附的干扰物质洗涤下来。ELISA 稀释液和洗涤液中应加入非离子型的表面张力物质吐温-20(Tween-20),Tween-20 作为助溶剂,具有减少非特异性吸附的作用,其机理是:聚苯乙烯载体与蛋白质的结合是疏水性的,非离子型洗涤剂既含疏水基团,也含亲水基团,其疏水基团与蛋白质的疏水基团借疏水键结合,从而削弱蛋白质与固相载体的结合,并借助于亲水基团和水分子的结合作用,使蛋白质回复到水溶液状态,从而脱离固相载体。洗涤液中吐温-20 的浓度可在 0.05%～0.2%之间,高于 0.2%时,可使包被在固相上的抗原或抗体解吸附而减低试验的灵敏度。如果洗涤不彻底,特别是显色反应前的最后一次洗涤不彻底会导致酶标抗体的非特异性吸附而使空白值升高。另外,在间接 ELISA 中如血清样品中的非特异性 IgG 吸附在 ELISA 板上而未被洗净,也将与酶标抗体作用而产生空白值升高现象。

6. 显色和比色

3,3'5,5'-四甲基联苯胺(TMB)是辣根过氧化物酶(HRP)最常用的较环保的底物,TMB 经辣根过氧化物酶作用后,约 30min 显色达到顶峰,随即逐渐减弱,至 2h 后即可完全消退至无色。TMB 的终止液有两类:一类是酶抑制剂,如十二烷基硫酸钠(SDS),这类终止剂能使蓝色维持较长时间(12～24h)不褪,是目视判断的良好终止剂。另一类是酸性终止液,如 2mol/L 的硫酸会使蓝色转变成黄色,此时可用 450nm 特定波长测吸光度。HRP 的另一个常用底物是邻苯二胺(OPD),该底物在 HRP 的作用下生成棕黄色,用 2mol/L 硫酸终止后用 490nm 波长测吸光度。OPD 底物具有致癌性,操作时要戴塑料手套。碱性磷酸酯酶(AP)的底物为对硝基苯磷酸盐(p-nitrophenyl phosphate,PNPP),显色时间为 30min～4h,产物呈黄色,用 3mol/L NaOH 溶液终止反应,405nm 波长测吸光度。

酶标比色仪简称酶标仪,也就是专用于读 ELISA 显色底物吸光度的光度计。酶标仪的主要性能指标有:测读速度、读数的准确性、重复性、精确度和可测线性范围等。优良的酶标仪的读数一般可精确到 0.001,准确性为±1%,重复性达 0.5%。酶标仪不应安置在阳光或强光照射下,操作时室温宜在 15～30℃,使用前先预热仪器 15～30min,测读结果更准确。测读吸光度 A 值时,要选用产物的最敏感吸收峰,有的酶标仪可用双波长测读,即每孔先后测读两次,第一次在最适波长(W_1),第二次在不敏感波长(W_2),最终测得的 A 值为两者之差(W_1-W_2)。双波长测读可减少由酶标板上的划痕或指印等造成的干扰。

7. 孵育(温育)

ELISA 作为一种固相免疫测定,抗原抗体的免疫结合反应在固相 ELISA 板上进行,要使液相中的抗原或抗体与固相上的特异抗体或抗原完全结合,必须在一定的温度条件下反应一定的时间达到平衡,这个过程叫孵育或温育。温育所需时间与温度成反比,即温度越高,则所需时间相对较短。最为常用的温育温度有 37℃和室温,其次是 4℃。通常 ELISA 试验的温育时间为 37℃ 1～2h,才能有效完成抗原抗体的结合,低于 1h,可能会影响测定下限。

8. 酶

辣根过氧化物酶(HRP)来源于植物,用于动物性样品的检测,目的是消除样品中内源性酶的干扰,降低背景。而碱性磷酸酯酶(AP)来源于动物牛小肠,目前也有细菌表达的 AP,用于植物性样品的检测,目的同样是消除样品中内源性酶的干扰,降低背景。

自从 ELISA 方法建立以来,有了巨大的发展。根据检测试剂、样品情况以及检测条件,可设计出各种不同类型的检测方法,如直接 ELISA、间接 ELISA、双抗体夹心 ELISA(DAS-ELISA)、三抗体夹心 ELISA(TAS-ELISA)、半抗原检测的竞争 ELISA(包括直接竞争 ELISA 和间接竞争 ELISA)以及以硝酸纤维素膜为载体的 dot-ELISA 等。

直接 ELISA 是将待测抗原直接包被 ELISA 板，然后加入酶标记抗原特异性抗体（即酶标一抗），最后进行底物显色反应的一种 ELISA 方法。因为酶标记在检测抗原的特异性抗体上而偶联成酶标一抗，每一种酶标一抗仅可检测一种相应对应的抗原。直接 ELISA 用于抗原的检测，步骤少而快速，但灵敏相对较低。

间接 ELISA 是检测抗体和抗体效价常用的方法，其原理为利用酶标记的抗抗体（即酶标二抗）检测与固相抗原结合的待检抗体。间接 ELISA 法也可以用已知的抗体检测相应的抗原，即待测抗原直接包被 ELISA 板，然后加入特异性一抗、酶标二体和底物。此种间接 ELISA 方法也称抗原包被 ELISA，即 ACP-ELISA，一般用于抗原含量相对较高样品的检测，如植物组织中病毒的检测。与直接 ELISA 相比，由于间接 ELISA 方法中的酶标记抗某种动物（包括人）的免疫球蛋白抗体，就可以检测该种动物的任何一种抗体，因而，间接 ELISA 适用的范围更为广泛，并且特异性也较好。间接 ELISA 主要用于抗体和抗体效价测定，但也可用于抗原的检测，用于抗原的检测时由于二抗的放大作用，故灵敏度比直接 ELISA 高。

双抗夹心 ELISA（DAS-ELISA）先将捕获抗体即检测抗原的特异性抗体包被于 ELISA，然后加入可能含有待测抗原的样品，最后加入酶标记的抗原特异性抗体即酶标记一抗。如果检测样品中含有待测抗原的话，则在固相载体 ELISA 板上形成捕获抗体-抗原-酶标一抗复合物，加底物后显色或发荧光。根据包被的捕获抗体和酶标一抗的组合不同，又可以分为同种单抗夹心 ELISA、异种单抗夹心 ELISA、多抗单抗混合夹心 ELISA、单抗多抗混合夹心 ELISA 和多抗夹心 ELISA。与 ACP-ELISA 相比，双抗夹心 ELISA 多了一步以抗体俘获富集抗原的过程，因而其灵敏度和特异性也相应提高。DAS-ELISA 应用于病毒、细菌、真菌、蛋白等完全抗原的检测，一般 ELISA 检测完全抗原的试剂盒大多采用 DAS-ELISA 方法。

三抗夹心 ELISA（TAS-ELISA）测抗原：用捕获抗体包被后加入含待检抗原样品，然后加入与捕获抗体生产动物不一样的另一种动物生产的一抗，最后加酶标二抗的一种 ELISA 方法。如果检测样品中含有待测抗原的话，则在固相载体 ELISA 板上形成捕获抗体-抗原-一抗-酶标二抗复合物，加底物后底物显色或发荧光。与 DAS-ELISA 一样用包被抗体俘获富集抗原，且多了一步酶标二抗的步骤而灵敏度和特异性也相应比 DAS-ELISA 提高，但操作步骤比 DAS-ELISA 多一步。TAS-ELISA 应用于病毒、细菌、真菌、蛋白等完全抗原的检测。

竞争 ELISA 用于只具有反应源性而无免疫源性的半抗原的检测。半抗原是相对分子质量一般小于 5000kDa 的物质，如多肽、大多数的多糖、脂肪胺、类脂质、核苷、农药、抗生素、毒素、三聚氰胺、激素等。小分子抗原或半抗原因缺乏可作夹心法的两个以上的抗原位点，因此不能用抗体夹心法进行测定，一般采用竞争法进行测定。根据酶标记抗原还是抗体分 2 种常用的竞争 ELISA 类型，即酶标记抗原竞争 ELISA 和酶标记抗体竞争 ELISA，而酶标记抗体竞争 ELISA 根据酶标记在一抗上还是在二抗上又可分成酶标记一抗的竞争 ELISA 和酶标记二抗的竞争 ELISA 两类。实际应用时常采用酶标记一抗的竞争 ELISA。

酶标记抗原竞争 ELISA 测半抗原的原理：特异性抗体包被于 ELISA 板后形成固相抗体，加入待测样品（含有相应抗原）和相应的一定量的酶标抗原，待测样品中的抗原和酶标抗原竞争性地与固相抗体结合，待测样品中抗原含量越高，则与固相抗体结合也越多，使得酶标抗原与固相抗体结合的机会就越少，甚至没有机会结合，加入底物后不显色或显色比空白对照浅的样品为阳性，显色深且与空白对照一样的样品为阴性。

酶标记一抗的竞争 ELISA 测半抗原的原理：抗原包被于 ELISA 板后形成固相抗原，加入待测样品(含有相应抗原)和相应的一定量的酶标记特异性抗体(酶标一抗),待测样品中的抗原和固相抗原竞争性地与一定量的酶标一抗结合,待测样品中抗原含量越高,则与酶标一抗结合也越多(但这些结合物是游离的经洗涤而除去),使得酶标抗体与固相抗原结合的机会就越少,甚至没有机会结合,加入底物后不显色或显色比空白对照浅的样品为阳性,显色深且与空白对照一样的样品为阴性。

酶标记二抗的竞争 ELISA 的原理:抗原包被于 ELISA 板后形成固相抗原,加入待测样品(含有相应抗原)和相应的一定量的未标记的特异性一抗,待测样品中的抗原和固相抗原竞争与一抗结合,待测样品中抗原含量越高,则与一抗结合也越多,使得一抗与固相抗原结合的机会就越少,甚至没有机会结合,从而使与固化一抗结合的酶标二抗也越少,加入底物后不显色或显色比空白对照浅的样品为阳性,显色深且与空白对照一样的样品为阴性。

dot-ELISA 是以硝酸纤维素膜(NC 膜)为固相载体的 ELISA 检测方法,其用于抗原的检测:将含抗原样品的提取液点到 NC 膜上,干燥后形成固相抗原,然后分别加入抗原特异性抗体和碱性磷酸酯酶(AP)或辣根过氧化物酶(HRP)标记二抗,则在 NC 膜上结合形成抗原-抗体-酶标二抗复合物,加入显色底物后复合物上的酶催化底物生成沉淀型有色产物而显色,底物不显色为阴性反应。肉眼观察斑点颜色有无及深浅来进行样品中抗原的定性和半定量检测。

第二节　设备、材料及试剂

一、设备

恒温培养箱、微量振荡器、自动酶标洗板机、酶标仪、各种单道和八道 Eppendorf 移液器、96 孔酶标板、平皿、Eppendorf 离心管及离心管架等。

二、材料

辣根过氧化物酶(HRP)标记的一抗、碱性磷酸酯酶(AP)标记的一抗、HRP 标记的二抗、AP 标记的二抗、含抗原或抗体样品、各种相应的标准品、硝酸纤维素膜(NC 膜)等。

三、试剂

1. ELISA 包被液(50mmol/L 碳酸盐缓冲液,pH9.6):Na_2CO_3 1.59g,$NaHCO_3$ 2.93g,定容至 1000ml。

2. 0.01mol/L 磷酸盐缓冲液(PBS,pH 7.4):KH_2PO_4 0.27g,无水 Na_2HPO_4 1.14g,NaCl 8.0g,KCl 0.2g,用去离子水定容至 1000ml。

3. ELISA 洗涤液(0.01mol/L PBST):5000ml 0.01mol/L PBS 中加 2.5ml Tween-20。

4. ELISA 封闭液:0.01mol/L PBST 中加入脱脂奶粉至终浓度 2%~5%。

5. 抗体稀释液:0.01mol/L PBST 中加入脱脂奶粉至终浓度 2%~5%。

6. HRP 酶 ELISA 底物显色液:

(1)邻苯二胺(OPD):称取 OPD 30mg 溶于 30ml 0.05mol/L 枸橼酸缓冲液(pH 5.0)中,加 60μl H_2O_2(30%母液),显色 10~30min 后加 2mol/L H_2SO_4 溶液 50μl/孔终止反应。

(2)3',3',5',5'-四甲基联苯胺(TMB):使用时 A 液和 B 液等体积混匀,显色 10～30min 后加 2mol/L H_2SO_4 溶液 50μl/孔终止反应。

TMB A 液:过氧化脲 1g,$NaHPO_4 \cdot 12H_2O$ 35.8g,柠檬酸・H_2O 10.3g,吐温-80 100μl,调 pH 至 5.0 后定容至 1000ml。

TMB B 液:TMB 0.7g,DMSO 40ml,充分溶解后再加柠檬酸・H_2O 10.3g,调 pH 至 2.4 后定容至 1000ml。

7. AP 酶 ELISA 底物显色液:底物为对硝基苯磷酸盐(p-nitrophenyl phosphate,PNPP)。将 10mg PNPP 溶于 10ml 如下底物缓冲溶液中,显色反应 30min～3h,可用 3mol/L NaOH 溶液 50μl/孔终止反应。

AP 酶底物缓冲液:在 400ml 去离子水中加 48.5ml 二乙醇胺、加 62.5μl 4mol/L $MgCl_2$ 溶液,用浓盐酸调 pH 至 9.8,再用去离子水定容至 500ml。

8. 2mol/L H_2SO_4 终止液:取 50ml 浓 H_2SO_4,缓慢加入到 410ml 去离子水中,不断搅拌使之均匀散热,防止爆沸。

9. 3mol/L NaOH 终止液:称 NaOH 120g,用去离子水溶解并定容至 1L。

10. HRP 酶的 dot-ELISA 显色底物液:

(1)4-氯-1-萘酚溶液:6mg 4-氯-1-萘酚先溶于 2ml 无水乙醇中,加 10ml 0.02mol/L PBS (pH 7.4),加 7μl 30% H_2O_2。

(2)3,3'-二氨基联苯胺盐酸盐(DAB)溶液:25mg DAB 溶于 50ml 0.05mol/L TB (pH7.6),18μl 30% H_2O_2。

(3)3,3',5,5'-四甲基联苯胺(TMB)显色底物:Promega 公司产品。

11. AP 酶的 dot-ELISA 显色底物:氮蓝四唑/5-溴-4-氯吲哚磷酸(NBT 和 BCIP)储备液(浓度均为 50mg/ml):将 NBT 溶于 70%二甲基甲酰胺中,BCIP 溶于 100%二甲基甲酰胺中(已商品化)。10ml 显色缓冲液(100mmol/L Tris・Cl,100mmol/L NaCl,5mmol/L $MgCl_2$,pH9.5)中加入上述 66μl NBT 和 33μl BCIP 储备液。

12. TBS 缓冲液:20mmol/L Tris・Cl,150mmol/L NaCl,pH 7.5。该 TBS 可以代替上述 0.01mol/L 磷酸盐缓冲液。

第三节　操作步骤

一、直接 ELISA 步骤

1. 包被:将待测抗原样品、不同浓度系列的抗原标准品、阴阳性对照用 ELISA 包被液适当稀释后加至酶标板,每孔 100μl,置 37℃孵育 2～3h,或 4℃过夜;

2. PBST 洗涤酶标板 3 次,每次 3min;

3. 封闭:每孔加 3%脱脂奶粉封闭液 150μl,37℃孵育 0.5～1h;

4. 用力将酶标板中的封闭液甩掉,在纱布上拍干后加入适当稀释的 HRP 标记的一抗,100μl/孔,37℃孵育 1～2h;

5. 用力将酶标板中的酶标一抗甩掉,用 PBST 洗涤酶标板 4～6 次,每次 3min;

6. 加底物显色：每孔加 TMB 底物 100μl，置 37℃或室温下待其充分显色；

7. 待显色完全后，约显色 10～30min，每孔加入 50μl 2mol/L H_2SO_4 HRP 酶的终止液终止反应；

8. 酶标板在酶标仪上在底物特定波长下测各孔 OD_{450} 值，以 P/N＞2.1 作为阳性判断标准，或肉眼观察显色反应的孔为阳性。或根据 OD_{450} 值用 Excel 软件绘制 OD_{450} 值与抗原标准品浓度的标准曲线，根据样品的 OD_{450} 值从标准曲线中获得检测抗原的浓度。

二、间接 ELISA 检测抗青霉素抗体效价或青霉素抗体

1. 将抗原即与 BSA 交联的青霉素用 0.05mol/L Na_2CO_3-$NaHCO_3$ 包被缓冲液适当稀释后，一般抗原稀释到 1～10μg/ml 的浓度，100μl/孔加至酶标板，置 4℃冰箱过夜，或 37℃温育 2～3h；

2. 用 PBST 洗 3 次，每次 3min；

3. 每孔加 5%脱脂奶粉封闭液 150μl，37℃封闭 30～60min；

4. 用 PBST 洗 3～4 次，每次 3min；

5. 每孔加入 100μl 用封闭液倍比稀释的待测血清（测多抗效价）或适当稀释的抗血清（测抗体）或杂交瘤细胞的上清（单抗），37℃温育 1～2h；

6. 用 PBST 洗 3 次，每次 3min；

7. 每孔加入 100μl 用封闭液稀释的 HRP 酶标羊抗兔（或鼠）IgG 二抗，37℃温育 1～2h；

8. 用 PBST 洗 4～6 次，每次 3min；

9. 每孔加入 100μl 新配制的 TMB 底物溶液，37℃显色 10～30min；

10. 每孔加入 50μl 2mol/L H_2SO_4 终止反应。随后在酶标仪上测 490nm 或 450nm 处的 OD 值，求出阴性对照的 OD 值的平均值 N，若样品 OD 值 P/N＞2.1，则视为阳性，否则为阴性，或肉眼观察显色反应的孔为阳性。抗体检测呈阳性的最大稀释倍数即为抗体效价。

三、抗原包被 ELISA（ACP-ELISA）检测南方水稻黑条矮缩病毒（SRBSDV）的步骤

1. 水稻叶片称重后用液氮研磨成粉末，按 1∶10～30（重量∶体积，g/ml）加入 0.05mol/L 碳酸盐包被液后再研磨匀浆；或按 1∶10～30（重量∶体积，g/ml）加入 0.05mol/L 碳酸盐包被液直接研磨匀浆嫩的水稻病叶；

2. 5000r/min 离心 3min，取上清 100μl/孔包被酶标板，设 SRBSDV 病叶为阳性对照、健康水稻为阴性对照、不同浓度的 SRBSDV 为标准品，置 4℃冰箱过夜，或 37℃温育 2～3hr；

3. 用 PBST 洗 3 次，每次 3min；

4. 每孔加 5%脱脂奶粉封闭液 150～300μl，37℃封闭 30～60min；

5. 用 PBST 洗 3 次，每次 3min；

6. 每孔加入 100μl 用封闭液适当稀释的抗 SRBSDV 鼠源单抗，37℃温育 1～2h；

7. 用 PBST 洗 3 次，每次 3min；

8. 每孔加入 100μl 用封闭液稀释的 AP 酶标羊抗鼠 IgG 二抗，37℃温育 1～2h；

9. 用 PBST 洗 4～6 次，每次 3min；

10. 每孔加入 100μl 新配制 AP 酶 ELISA 底物 PNPP 显色液，37℃或室温显色30～120min；

11. 每孔加入 50μl 3mol/L NaOH 终止反应。随后在酶标仪上测 405nm 处的 OD 值，求

出阴性对照的 OD 值的平均值 N，若样品 OD 值 P/N>2.1，则视为阳性，否则为阴性，或肉眼观察，有显色反应的样品为阳性，或根据标准品 OD 值用 Excel 软件绘制 OD 值与抗原标准品浓度的标准曲线，根据样品的 OD 值从标准曲线中查得 SRBSDV 的浓度。

四、DAS-ELISA 测乙肝病毒步骤

1. 用 0.01mol/L pH 7.4 的 PBS 或 50mmol/L 碳酸盐包被液稀释抗体（单抗或多抗）后 100μL/孔包被 ELISA 板，形成固相抗体；

2. PBST 洗涤 3 次后用 3%脱脂奶粉或 1% BSA 或 5%牛血清 150μl/孔封闭 30～60min；

3. 分别加入待检抗原和不同浓度系列的抗原标准品 100μl/孔，37℃孵育 1～2h，标本中的抗原与固相抗体结合，形成固相抗原抗体复合物；

4. 用 PBST 洗涤酶标板 3 次，每次 3min，除去其他未结合物质；

5. 加入适当稀释的辣根过氧化物酶（HRP）标记的抗体 100μl/孔，37℃孵育 1～2h，固相免疫复合物上的抗原与酶标抗体结合（注：检测植物样品时用碱性磷酸酯酶（AP）标记的抗体）；

6. 用 PBST 洗涤酶标板 4～6 次，彻底洗去未结合的酶标抗体；

7. 用 TMB 或 OPD-H_2O_2 底物显色 15～30min，2mol/L H_2SO_4 50μl/孔终止反应，用酶标仪读取 OD_{450} 或 OD_{490} 的值，求出阴性对照的 OD 值的平均值 N，若样品 OD 值 P/N>2.1，则视为阳性，否则为阴性，或肉眼观察，有显色反应的样品为阳性，或根据 OD 值用 Excel 软件绘制 OD 值与抗原标准品浓度的标准曲线，根据样品的 OD 值从标准曲线中查得检测抗原的浓度。注：植物样品用碱性磷酸酯酶标记的抗体时，底物用 PNPP，终止液用 3mol/L NaOH 溶液。

五、TAS-ELISA 的步骤

1. 用 0.01mol/L pH 7.4 的 PBS 或 50mmol/L 碳酸盐包被液稀释抗体（如兔源多抗），100μl/孔包被 ELISA 酶标板，37℃孵育 2～3h 或 4℃过夜；

2. 用 PBST 洗涤 3 次后用 3%脱脂奶粉或 1% BSA 或 5%牛血清等 150μl/孔封闭 30～60min；

3. 分别加入待检抗原和不同浓度系列的抗原标准品 100μl/孔，37℃孵育 1～2h；

4. 用 PBST 洗涤 3 次后加入适当稀释的一抗（如鼠源单抗）100μl/孔，37℃孵育 1～2h；

5. 用 PBST 洗涤 3 次后加入适当稀释的辣根过氧化物酶或碱性磷酸酯酶标记的羊抗鼠 IgG 二抗 100μl/孔，37℃孵育 1～2h；

6. 用 PBST 洗涤 4～6 次后，用 100μl/孔 TMB 或硝基苯磷酸盐 PNNP 底物显色，显色充分后用 2mol/L H_2SO_4 或 3mol/L NaOH 50μl/孔终止反应，用酶标仪读取 OD_{450} 或 OD_{405} 的值，求出阳性对照的 OD 值的平均值 N，若样品 OD 值 P/N>2.1，则视为阳性，否则为阴性，或肉眼观察，有显色反应的样品为阳性，或根据 OD 值用 Excel 软件绘制 OD 值与抗原标准品浓度的标准曲线，根据样品的 OD 值从标准曲线中查得检测抗原的浓度。

六、酶标记抗原竞争 ELISA 测三聚氰胺的步骤

1. 用 50mmol/L 碳酸盐包被液或 0.01mol/L pH 7.4 的 PBS 稀释三聚氰胺特异性抗体后 100μl/孔包被 ELISA 酶标板，37℃温育 2～3h 或 4℃过夜；

2. 用 PBST 洗涤 3 次后用 3%脱脂奶粉或 1% BSA 或 5%牛血清等封闭 30～60min；

3. 分别加入适当稀释的样品和不同浓度的三聚氰胺标准品 50μl/孔，再加入适当稀释的 HRP 酶标记三聚氰胺 50μl/孔，振动混匀后 37℃孵育 30～60min；

4. 用 PBST 洗涤 4～6 次后拍干，加入 TMB 底物避光显色，显色 15～30min 后加 2mol/L H_2SO 终止液 50μl/孔，于酶标仪上测定 OD_{450} 值；

5. 根据 OD_{450} 值用 Excel 软件绘制抑制率与三聚氰胺浓度半对数的标准曲线，获得线性回归方程。抑制率 IC 计算公式如下：IC%＝(OD_x-OD_{min})/($OD_{max}-OD_{min}$)×100。OD_{max} 为不加三聚氰胺时的吸光值，OD_x 为三聚氰胺浓度为 x 时的吸光值，OD_{min} 为空白对照孔的吸光值。根据样品的抑制率和线性回归方程计算得样品中三聚氰胺的浓度。

七、酶标记抗体竞争 ELISA 测青霉素

1. 用 50mmol/L 碳酸盐包被液适当稀释青霉素-BSA 偶联物后 100μl/孔包被 ELISA 酶标板，37℃孵育 2～3h 或 4℃过夜；

2. 用 PBST 洗涤 3 次后用 3%脱脂奶粉或 1% BSA 或 5%牛血清等封闭 30～60min；

3. 分别加入适当稀释的样品和不同浓度的青霉素标准品 50μl/孔，再加入适当稀释的 HRP 酶标记青霉素抗体 50μl/孔，振动混匀后 37℃孵育 30～60min；

4. 用 PBST 洗涤 4～6 次后拍干，加入 TMB 底物避光显色，显色 15～30min 后加 2mol/L H_2SO 终止液 50μl/孔，于酶标仪上测定 OD_{450} 值；

5. 根据 OD_{450} 值用 Excel 软件绘制抑制率与青霉素浓度半对数的标准曲线，获得线性回归方程。抑制率 IC 计算公式如下：IC%＝(OD_x-OD_{min})/($OD_{max}-OD_{min}$)×100。OD_{max} 为不加青霉素时的吸光值，OD_x 为青霉素浓度为 x 时的吸光值，OD_{min} 为空白对照孔的吸光值。根据样品的抑制率和线性回归方程计算得样品中青霉素的浓度。

八、酶标记二抗竞争 ELISA 测氯霉素

1. 用 50mmol/L 碳酸盐包被液适当稀释氯霉素-BSA 偶联物后 100μl/孔包被 ELISA 酶标板，37℃孵育 2～3h 或 4℃过夜；

2. 用 PBST 洗涤 3 次后用 3%脱脂奶粉或 1% BSA 或 5%牛血清等封闭 30～60min；

3. 分别加入适当稀释的样品和不同浓度的氯霉素标准品 50μl/孔，再加入适当稀释的氯霉素鼠源单抗 50μl/孔，振动混匀后 37℃孵育 30～60min；

4. 加入适当稀释的 HRP 标记的羊抗鼠二抗 100μl/孔，37℃孵育 30～60min；

5. 用 PBST 洗涤 4～6 次后拍干，加入 TMB 底物避光显色，显色 15～30min 后加 2mol/L H_2SO 终止液 50μl/孔，在酶标仪上测定 OD_{450} 值；

6. 根据 OD_{450} 值用 Excel 软件绘制抑制率与氯霉素浓度半对数的标准曲线，获得线性回归方程。抑制率 IC 计算公式如下：IC%＝(OD_x-OD_{min})/($OD_{max}-OD_{min}$)×100。OD_{max} 为不加氯霉素时的吸光值，OD_x 为氯霉素浓度为 x 时的吸光值，OD_{min} 为空白对照孔的吸光值。根据样品的抑制率和线性回归方程计算得样品中氯霉素浓度。

九、dot-ELISA 检测水稻中南方水稻黑条矮缩病毒(SRBSDV)的步骤

1. 制样：水稻叶片称重后用液氮在研钵中研磨成粉末，按 1∶20(重量∶体积，g/ml)加入 0.01mol/L PBS 后研磨匀浆；或按 1∶20(重量∶体积，g/ml)加入 0.01mol/L PBS 直接研磨

嫩的水稻病叶；水稻匀浆液移至 1.5ml 离心管中，5000r/min 离心 3min；

2. 点样：用镊子取一张 NC 膜放至干净的培养皿内，取 3μl 植物提取液上清轻点到 NC 膜上，每取一个样换一个枪头；

3. 干燥：样品点膜完成后膜在室温下干燥，约 10～20min；

4. 封闭：把 NC 膜放入稀释好的 3%脱脂奶粉封闭液中室温封闭 30～60min；

5. 一抗孵育：NC 膜放入适当稀释的 SRBSDV 单克隆抗体中，室温缓慢水平转动 30～60min；

6. 洗涤：NC 膜放入 PBST 洗液中，轻轻晃动洗涤 NC 膜，每次洗涤 3min，共 4 次；

7. 二抗孵育：NC 膜放入适当稀释的 AP 标记羊抗鼠 IgG 二抗中，室温缓慢水平转动 30～60min；

8. 用 PBST 洗涤 NC 膜 4～6 次，每次 3min；

9. 显色底物液配制：在一个干净的平皿中先加入 10ml 底物缓冲液、66μl NBT 和 33μl BCIP 底物储备液，晃动混匀；

10. 显色及终止：将洗好的 NC 膜用滤纸吸干后放入上述显色底物液的培养皿中避光显色，待阳性对照显色明显，而阴性没有任何显色时终止反应，即在自来水中漂洗一下，洗去底物，肉眼观察结果，并拍照记录。

十、dot-ELISA 检测灰飞虱中水稻黑条矮缩病毒(RBSDV)的步骤

dot-ELISA 是以硝酸纤维素膜(NC 膜)为固相载体的 ELISA 检测方法，携带水稻黑条矮缩病毒的灰飞虱样品的匀浆液点到 NC 膜上，干燥形成固相抗原；加入水稻黑条矮缩病毒的鼠单抗，则单抗与固相抗原(RBSDV)形成抗原-抗体复合物；再加入辣根过氧化物酶(HRP)标记的羊抗鼠 IgG 抗抗体(即酶标二抗)，则抗抗体与上述抗原-抗体复合物结合形成抗原-抗体-酶标抗抗体复合物；加入显色底物，复合物上的酶催化底物生成沉淀型有色产物而显色。由于每步之间均有洗涤的步骤，若待测灰飞虱样品中不含 RBSDV，则酶标抗体将被洗掉，底物不显色而呈阴性反应。肉眼观察斑点颜色有无及深浅来进行样品中 RBSDV 的定性和半定量检测。

操作步骤：

1. 制样：在 250μl 离心管里每管加入 50μl 0.01mol/L PBS、单头灰飞虱，用牙签捣烂虫子；

2. 点样：用镊子取一张 NC 膜放至干净的培养皿内，取 3μl 虫子匀浆液轻点到 NC 膜上，每取一个样换一个枪头；

3. 干燥：样品点膜完成后膜在室温下干燥，约 10～20min；

4. 封闭：把 NC 膜放入稀释好的 3%脱脂奶粉封闭液中室温封闭 30～60min；

5. 一抗孵育：NC 膜放入适当稀释的 RBSDV 鼠源单克隆抗体中，室温缓慢水平转动 30～60min；

6. 洗涤：NC 膜放入 PBST 洗液中，轻轻晃动洗涤 NC 膜，每次洗涤 3min，共 4 次；

7. 二抗孵育：NC 膜放入适当稀释的 HRP 标记羊抗鼠 IgG 二抗中，室温缓慢水平转动 30～60min；

8. 用 PBST 洗涤 NC 膜 4～6 次，每次 3min；

9. 显色：将洗好的 NC 膜用滤纸吸干后放入新培养皿中，加入适量 TMB 显色底物液即淹

没 NC 膜，盖上报纸遮光，肉眼观察结果，待阳性对照显色明显，阴性没有任何显色时记录检测结果，显色时间约 5～15min。

ELISA 注意事项如下：

1. 包被用的抗原或抗体的蛋白浓度一般为 1～10μg/ml，但最好是预试验选择其最佳工作浓度。

2. 在包被后，用 3%脱脂奶粉或 0.5%～2% BSA 或 3%～10%牛血清等封闭液进行封闭至关重要，不可省略。因为抗原或抗体包被后，固相载体表面往往尚残留少量未饱和的吸附位点，在随后反应中，会引起非特异性吸附，导致本底偏高。

3. 已包被好的酶标板在经过洗涤后，加入 0.01mol/L pH 7.2 的 Tris · Cl 缓冲液（含 0.2% NaN_3）或 10%硫酸铵溶液（用 Tris · Cl 缓冲液配制），在 4～6℃或室温下可保存 3～6 个月。

4. 加底物前甩干的酶标板在空气中暴露的时间越长，吸光度越低。因此，切忌在操作中将大批酶标板洗涤后依次甩干，任其在空气中干燥。

5. 在进行双抗体夹心法时，不能只用一种单克隆抗体，而应选择针对不同抗原表位的两种单克隆抗体或由单抗和双抗组合的两种抗体。

6. 洗涤一定要充分，尤其是最后一步的洗涤，一般要洗 4～6 次。

7. NC 膜位于 2 张保护纸中间，不要用手直接触摸膜，用镊子和戴一次性 PE 手套取膜。

8. NC 膜上滴加检测样品的一面为正面，整个实验过程中应朝上。

9. 抗体在使用前 10min 之内稀释。

10. 底物显色液要现配现用。

附　　录

附录 1　细菌、酵母及核酸的贮存

一、细菌保存

大多数细菌贮液含有 7% DMSO 或者 15%甘油，一般于－80℃长期保存。特定的株系和冻存时细胞的状态决定冻存细胞的生存能力。从一个单菌落开始，在合适的培养基中振荡过夜(10～15h)的培养物通常被用作贮存。

1. 甘油贮液：将 0.5ml 过夜培养液转入到具有记号的 1.5ml 预冷的螺旋管，再加 0.5ml 灭菌的 30%甘油。盖上盖子，轻轻混合，于－80℃贮存。生长在多塑料板培养基中的细菌，培养基中含有 8%～10%的甘油，可直接于－80℃贮存。

2. DMSO 贮液：将 1ml 过夜培养液转入到具有记号的 1.5ml 预冷的螺旋管内，再加 80μl DMSO(使用的 DMSO 试剂应是专门用于细菌贮液配制的，决不能从贮液瓶中直接吸出。采用无菌操作的方法将 DMSO 试剂分成小份，用小份的 DMSO 配制培养液)后盖上盖子，轻轻混合，于－80℃贮存。不同株系在贮液中细胞的长期生存能力不同，已知一些株系保存在 DMSO 中 10 年还具有良好生存能力。

3. 冻存细菌的恢复：从冻存在 DMSO 或甘油的细菌贮液，利用灭菌环、灭菌牙签或灭菌一次性枪头伸入贮液，在合适的琼脂平板(例如 LB 琼脂平板)上划线，37℃过夜培养以获取单克隆。另一方面重新盖上盖子，再将细菌贮液于－80℃贮存。平板上的克隆能够在一周内用于接种培养，在这期间平板应倒置保存在 4℃。

二、酵母贮存

典型的酵母保存液是含有 20%甘油的培养液，可在－80℃长期保存。冻存酵母细胞的生存能力取决于不同株系和冻存时的细胞状态。

在合适的平板上划线，30℃培养 2 天以获取单克隆。从平板上挑取火柴头大小的细胞接种于 6ml 的 YPD 培养基。30℃振荡过夜培养后，加 2ml 灭菌的 80%甘油，充分混合。分成 0.5ml 的小份转移到冻存管中，充分摇动后冻存于－80℃。用这种方法制备的酵母株系可永久地贮存于－80℃。酵母如果冻存的温度高于－55℃则趋向于死亡。注意：冻存之前生长在 YPD 培养基上的酵母比生长在选择性培养基上的酵母具有更强的生存力。

冻存酵母的恢复：决不要融化冻存的酵母贮液。而用一个灭菌环、灭菌的牙签或灭菌的一次性枪头伸入贮液，在合适的琼脂平板(例如 YPD 或选择性琼脂平板)上划线，30℃培养 2 天以获取单菌落。原管重新盖好盖再贮存于－80℃。在 YPD 琼脂平板上的酵母能在 4℃保存近 6 个月，而在选择性平板(即添加附加成分的 SC 平板)上保存只能约 2 个月。在这期间平板应倒置保存于 4℃。为了长期保存，可将平板密封或放入袋内以免平板干燥。添加腺嘌呤的 YPD 培养基能够抵抗在 4℃保存中 ade2 株系产生的红色素引起的毒性。

三、DNA 贮存

由于在分离过程中 DNA 有可能被所用的化学试剂污染，所以不纯 DNA 样品常不能很好贮存。重金属的污染和酚降解的氧化产品等都能引起磷酸二酯键的断裂。紫外照射引起胸腺嘧啶二聚体和交联体的产生，导致生物活性丧失。在分子氧和可见光的条件下，溴化乙锭引起光氧化作用。

DNA 的贮存：作为一般原则，DNA 纯度越高在任何条件下贮存的时间会越长。DNA 溶液一般是溶解在 TE(pH8.0)中。DNA 的长期贮存应该具有高盐浓度(至少 1mol/L NaCl 或其他盐分)和 10mmol/L 的 EDTA(与重金属螯合)。纯化的 DNA 质粒可在－20℃贮存 1 年以上，如果是较长时间保存，建议贮存在－80℃。干的 DNA 沉淀可在－20℃贮存 6 个月，而用乙醇沉淀的 DNA 可以在－80℃无限期保存。

四、RNA 贮存

由于 RNA 很容易被 RNA 酶降解，所以一般不能长时间保存，建议现提现用。为了增加贮存 RNA 样品的稳定性，可以将 RNA 溶解在无 RNA 酶的去离子的甲酰胺中，存于－70℃。总 RNA 经 Trizol 试剂提取后溶解于无 RNA 酶的 DEPC 水后于－80℃冰箱短时间保存，一般纯化的 RNA 可溶在 70%的乙醇中后保存于－80℃冰箱。

附录 2　常用试剂、溶液及缓冲液的配制

一、基本要求

分子生物学所用试剂必须是分析纯或分子生物学试剂级。溶液配制所用水尽可能使用灭菌、蒸馏、去离子的水(建议用 Milli-Q 过滤系统或类似系统进行过滤)。除非有特殊的说明，大部分配制的溶液需用 0.22μm 孔径滤膜过滤除菌或者高压灭菌(15psi，121℃，20～30min)。使用高压灭菌的水、灭过菌的容器以及灭过菌的贮液来配制溶液，会延长所配溶液的使用时间。用干燥的化学试剂和无菌水配制的溶液一般不需要再灭菌；有些酸、碱和一些有机化合物溶液也不需要灭菌，因为微生物不能在这些溶液中生长。制备的溶液应分成小份保存。如果没有特殊说明，则所有贮液和缓冲液至少能在室温下贮存六个月。作为贮液应贮存在 4℃或－20℃，使用时取出待达到室温后再开启，以防止试剂内的缩合作用，确保度量精确。

以质量浓度表示的溶液浓度是指 100ml 溶液中溶质的质量，质量单位为 g；以体积分数表示的溶液浓度是指总体积为 100ml 溶液中各组成成分的体积，体积单位为 ml。缓冲液的 pH 为 25℃时溶液的 pH。

二、浓酸和浓碱的浓度

浓酸、浓碱名称	质量分数(%)	摩尔浓度(mol/L)
冰醋酸	90～100	17.4
甲酸	90	23.4
盐酸	36	11.6
硝酸	70	15.7
磷酸	85	14.6
硫酸	95	18
氨水	28(NH_3)	14.8
氢氧化钾	50	13.5
氢氧化钠	50	19.1

三、常用贮液与溶液

1mol/L 亚精胺(spermidine)

溶解 2.55g 亚精胺(相对分子质量为 254.6)于足量的水中,使终体积为 10ml。分装成小份贮存于－20℃。不需将溶液灭菌。

1mol/L 精胺(spermine)

溶解 3.48g 精胺(相对分子质量为 348.2)于足量的水中,使终体积为 10ml。分装成小份后于－20℃贮存。溶液无需灭菌。

10mol/L 乙酸铵(ammonium acetate)

将 77.1g 乙酸铵(相对分子质量为 77.1)溶解于水中,加水定容至 1L 后,用 0.22μm 孔径滤膜过滤除菌。

10mg/ml 牛血清蛋白(BSA)

加 100mg 牛血清蛋白(组分为分子生物学试剂级,无 DNA 酶)于 9.5ml 水中(为了减少变性,须将蛋白加入水中,而不是将水加入蛋白中),盖好盖后,轻轻摇动,直到牛血清蛋白完全溶解为止。不要涡旋混合(涡旋将产生泡沫,泡沫是蛋白变性的结果)。加水定容到 10ml,然后分装成小份于－20℃保存。该溶液一般无需灭菌。

1mol/L 二硫苏糖醇(DTT)

配制 1mol/L 二硫苏糖醇溶液的最简单方法是:在 5g 二硫苏糖醇的原装瓶中加 32.4ml 水,分成小份于－20℃贮存,该法避免了称量步骤;另一配制方法是转移 100mg 二硫苏糖醇(相对分子质量为 154.25)至微量离心管中,加 0.65ml 的水配制成 1mol/L 二硫苏糖醇溶液。配制的溶液无需灭菌。

8mol/L 乙酸钾(potassium acetate)

溶解 78.5g 乙酸钾(相对分子质量为 98.14)于足量的水中,加水定容到 100ml。

1mol/L 氯化钾(KCl)

溶解 7.46g 氯化钾(相对分子质量为 74.55)于足量的水中,加水定容到 100ml。

3mol/L 乙酸钠(sodium acetate)

溶解 40.8g 三水乙酸钠(相对分子质量为 136.1)于约 90ml 水中,用冰醋酸调溶液的 pH 至 5.2,再加水定容到 100ml。

0.5mol/L EDTA

配制 0.5mol/L EDTA 贮液的最简单方法是:配制等摩尔的 Na_2EDTA 和 NaOH 溶液(如 0.5mol/L),混合后形成 EDTA 的三钠盐(三钠盐比二钠盐易溶解)。该溶液的 pH 应接近 8,可满足所有分子生物学实验的需要。配制 0.5mol/L EDTA 的另一种方法是称取 186.1g Na_2 EDTA · $2H_2O$(相对分子质量为 372.2)和 20g NaOH(相对分子质量为 40),并溶于水中,最后定容至 1L。

1mol/L HEPES

将 23.8g HEPES(相对分子质量为 238.3)溶于约 90ml 水中,用氢氧化钠调 pH(常用的 pH 范围为 6.8~8.2),然后用水定容到 100ml。

1mol/L HCl

标准浓盐酸的含量为质量分数 36%,或 11.6mol/L。加 8.6ml 的浓盐酸至 91.4ml 的水中即可配成 100ml 的 1mol/L 盐酸溶液。为了避免飞溅引起严重烧伤,常加酸于水中,而不可加水于酸中。该溶液无需灭菌。

25mg/ml IPGT

溶解 250mg IPGT(IPGT 为异丙基硫代-β-D-半乳糖苷,相对分子质量为 238.3)于 10ml 水中,分成小份于-20℃贮存。此溶液一般无需灭菌。

1mol/L $MgCl_2$

溶解 20.3g 氯化镁($MgCl_2$ · $6H_2O$,相对分子质量为 203.3)于足量水中,定容到 100ml。

100mmol/L PMSF

溶解 174mg PMSF(PMSF 为苯甲基磺酰氟,相对分子质量为 174.2)于足量异丙醇中,并定容到 10ml。分成小份并用铝箔将装液管包裹后于-20℃贮存。此溶液无需灭菌。

20mg/ml 蛋白酶 K(proteinase K)

将 200mg 蛋白酶 K 加入 9.5ml 水中(为了减少变性,须加蛋白质于水中,而非加水于蛋白质中)，轻轻摇动盖紧盖的管子，直到蛋白酶 K 完全溶解为止。定容到终体积 10ml。不要涡旋混合(否则会产生泡沫，使蛋白质变性)。分装成小份于－20℃贮存。此溶液一般无需灭菌。

10mg/ml RNase(无 DNase)(DNase-free RNase)

溶解 10mg 胰蛋白 RNA 酶于 1ml 10mmol/L 乙酸钠水溶液中(pH 5.0)。溶解后于水浴中煮沸 15min，使 DNA 酶失活。用 1mol/L Tris · Cl 调 pH 至 7.5，于－20℃贮存。此溶液一般无需灭菌。为了避免 RNase 被污染，要戴上手套，并避免 RNase 溶液与 RNA 实验所用的实验台或仪器表面接触。

10mg/ml 鲑鱼精 DNA(salmon sperm DNA)

被剪断、变性的鲑鱼精 DNA(10mg/ml)有商品出售，但相当昂贵。比较经济的鲑鱼精 DNA 贮液可在实验室自行配制，但配制过程所需时间较长。鲑鱼精 DNA 贮液的配制方法如下：可溶 1g 干的鲑鱼精 DNA 于 100ml 水中，至少需搅拌 1 天。加氯化钠至终浓度 100mmol/L 后用酚抽提。用超声波或重复通过 16～18 号注射针头 15 次至 20 次以剪断提取的 DNA。根据适当大小的 DNA 标准物用琼脂糖凝胶分析 DNA 片段的大小。用于杂交，理想的 DNA 大小范围在 500～1000bp；而用于酵母乙酸锂转化，5～10kb 大分子量的鲑鱼精 DNA 更适合用作载体。将 DNA 用乙醇沉淀后溶于水中，终浓度为 10mg/ml。分装成小管(如 10ml)，置于水浴中煮沸 10min 使 DNA 变性后，迅速在冰浴中冷却，于－20℃贮存。每次使用前要煮沸并冰浴冷却。此溶液一般无需灭菌。

5mol/L 氯化钠(NaCl)

溶解 29.2g 氯化钠(相对分子质量为 58.44)于足量的水中，加水定容至 100ml。

10mol/L 氢氧化钠(NaOH)

配制 10mol/L 氢氧化钠溶液应加 400g 氢氧化钠(相对分子质量为 40)颗粒于正在用磁力搅拌器搅拌的含有约 0.9L 水的(放置在冰盒上的)烧杯中(不要加水于氢氧化钠颗粒中)。氢氧化钠颗粒完全溶解后，用水定容至 1L。此溶液无需灭菌。配制浓的氢氧化钠溶液(如 10mol/L)是一个放热反应，须高度警惕以防被试剂烧伤或玻璃容器破裂。在配制 10mol/L 氢氧化钠溶液时，为了避免使用氢氧化钠颗粒，可购买浓的氢氧化钠溶液。加 524ml 的 50%氢氧化钠溶液(19.1mol/L)于正在用磁力搅拌器搅拌的 476ml 水中即可。

10%(质量浓度)十二烷基硫酸钠(SDS)

称取 100g 十二烷基硫酸钠，慢慢地转移到约含 0.9L 水的烧杯中，用磁力搅拌器搅拌直到完全溶解为止。用水定容到 1L。如有需要也可以配制 20%十二烷基硫酸钠贮液(1L 溶液中含 200g 十二烷基硫酸钠)。此溶液无需灭菌。

2mol/L 山梨(糖)醇(sorbitol)

将 36.4g 山梨(糖)醇(相对分子质量为 182.2)溶于足量的水中，使终体积为 100ml。

质量分数为 100%的三氯乙酸(TCA)

最安全的配制三氯乙酸(TCA)贮液的方法是避免称量三氯乙酸试剂,可直接在装有 500g 三氯乙酸的试剂瓶中加入 100ml 水(三氯乙酸水溶性强)。用磁力搅拌器搅拌直到完全溶解为止。如果需要可再加一些水,用水调终体积为 500ml,并贮存在棕色瓶中。此溶液无需灭菌。三氯乙酸在浓度低于 30%时会进行分解,稀释液应在临用前配制。

2.5% X-gal

溶解 25mg X-gal(5-溴-4-氯-3-吲哚-β-D-半乳糖苷)于 1ml 二甲基甲酰胺(DMF),用铝箔包裹装液管,于-20℃贮存。该溶液无需灭菌。

100×Denhardt 试剂(Denhardt's reagent)

依照下表称取各组分,溶于水中并定容。过滤除菌及杂质。分装成小份于-20℃保存。

成分及终浓度	配制 100ml 溶液各成分的用量
2%聚蔗糖(Ficoll,400 型)	2g
2%聚乙烯吡咯烷酮(PVP-40)	2g
2% BSA(组分 V)	2g
去离子水	加水至总体积为 100ml

10×标准 DNA 连接酶缓冲液(standard DNA ligase buffer)

已有关于不同条件下的 T4 噬菌体 DNA 连接酶缓冲液的报道,这里仅给出粘端、平端连接的标准缓冲液。配制平端连接缓冲液时推荐使用选项中的亚精胺。

成分及终浓度	配制 10ml 溶液各成分的用量
0.5mol/L Tris·Cl	5ml 1mol/L 贮液(25℃下 pH7.6)
100mmol/L $MgCl_2$	1ml 1mol/L 贮液
100mmol/L DTT	1ml 1mol/L 贮液
2mmol/L ATP	200μl 100mmol/L 贮液
5mmol/L 盐酸亚精胺(可选)	50μl 1mmol/L 贮液
0.5mg/ml BSA(组分 V)(可选)	0.5ml 10mg/ml 溶液
去离子水	2.25ml

将配制好的缓冲液分装成小份,于-20℃贮存。一般无需灭菌。

100mmol/L dNTP 溶液(dNTP solutions)

可以购买到 100mmol/L 纯 dNTPs 贮液,可在-80℃至少贮存 6 个月。若要配制

100mmol/L 的 dNTPs 贮液，须将适量的 dNTPs 溶于水中，用 1mol/L Tris 碱调 pH 近似于 7.0，再确定 dNTPs 溶液的准确浓度。配制的 100mmol/L dNTPs 溶液常发现只有 85～95mmol/L，因此推荐加入的水应少于计算的量。一般无需灭菌。

为了确定贮存液的浓度，用 10mmol/L 的 Tris 盐酸或磷酸缓冲液（pH7.0）逐步稀释 100mmol/L 的 dNTPs 贮液为 10μmol/L，形成一系列不同浓度的 dNTPs 溶液。用稀释液调整分光光度计的数值为零，用路径为 1cm 的石英杯装待测溶液进行测定。在下表给定的波长下，读取每个溶液的 OD 值。利用下表列出的消光系数（ε），用下式计算每个 dNTP 溶液的浓度：

$$\text{摩尔浓度}=\frac{\text{OD}\times\text{稀释倍数}}{\varepsilon}$$

dNTP	波长（nm）	ε（$mol\cdot L^{-1}\cdot cm^{-1}$）	dNTP	波长（nm）	ε（$mol\cdot L^{-1}\cdot cm^{-1}$）
dATP	259	1.54×10^4	dGTP	253	1.37×10^4
dCTP	271	9.10×10^3	dTTP	260	7.40×10^3

注意：许多方案要求 dNTP 的混合物中的各 dNTP 应为同一浓度（一般是 0.5～10mmol/L）。例如，10mmol/L dNTPs 的混合液中有 4 种 dNTP，每种 dNTP 浓度为 10mmol/L。用水稀释高浓度 dNTPs 贮液配制 10mmol/L dNTPs 混合液的方法是依照下表在 1ml 微量离心管中将各成分混匀。混合液可在－20℃至少贮存 6 个月。

10mmol/L dNTP 的混合液

成分及终浓度	配制 20μl 各成分的容量
10mmol/L dATP	2μl 100mmol/L dATP 贮液
10mmol/L dCTP	2μl 100mmol/L dCTP 贮液
10mmol/L dGTP	2μl 100mmol/L dGTP 贮液
10mmol/L dTTP	2μl 100mmol/L dTTP 贮液
去离子水	12μl

20% PEG 8000/2.5mol/L NaCl

成分及终浓度	配制 10ml 溶液各成分的用量
质量浓度为 20%聚乙二醇	20g
2.5mol/L 氯化钠	50ml 5mol/L 氯化钠或 14.6g 固体氯化钠
去离子水	补足 100ml

加聚乙二醇于含有氯化钠（相对分子质量为 58.44）的烧杯中，加水至终体积 100ml，用磁力搅拌器搅拌溶解。

20×SSC

成分及终浓度	配制 1L 溶液各成分的用量
300mmol/L 柠檬酸三钠（二水）	88.2g
3mol/L 氯化钠	175.3g
去离子水	补足至 1L

溶解柠檬酸三钠（二水）（相对分子质量为 294.1）和氯化钠（相对分子质量为 58.44）于约 0.9L 水中，加几滴 10mol/L 氢氧化钠溶液调 pH 为 7.0，用水补足体积至 1L。

DEPC 处理水

加 100μl DEPC（焦碳酸二乙酯）于 100ml 水中，使 DEPC 的体积分数为 0.1%。在 37℃至少温浴 12h，然后在 15psi 条件下高压灭菌 20min，以使残余的 DEPC 失活。DEPC 会与胺起反应，不可用 DEPC 处理 Tris 缓冲液。

磷酸缓冲液（phosphate buffer）

按照下表所给定的体积，混合 1mol/L 磷酸二氢钠（单碱）和 1mol/L 磷酸氢二钠（双碱）贮液，获得所需 pH 的磷酸缓冲液。配制 1mol/L 的贮液：对于磷酸二氢钠（$NaH_2PO_4 \cdot H_2O$）（相对分子质量为 138）须溶解 138g 于足量的水中，使终体积为 1L；而对于磷酸氢二钠（Na_2HPO_4）（相对分子质量为 142）须溶解 142g 于足量的水中，使终体积为 1L。

1mol/L 磷酸二氢钠体积(ml)	1mol/L 磷酸氢二钠体积(ml)	最终 pH 值
877	123	6.0
850	150	6.1
815	185	6.2
775	225	6.3
735	265	6.4
685	315	6.5
625	375	6.6
565	435	6.7
510	490	6.8
450	550	6.9
390	610	7.0
330	670	7.1
280	720	7.2

TE

成分及终浓度	配制 100ml 溶液各成分的用量
10mmol/L Tris · Cl	1ml 1mol/L Tris · Cl(pH7.4～8.0,25℃)
1mmol/L EDTA	200μl 0.5mol/L EDTA(pH8.0)
去离子水	98.8ml

这个标准缓冲液用于悬浮和贮存 DNA。

Tris 缓冲液(Tris · HCl buffer)

配制 1L 缓冲液,需要将 121g Tris 碱溶解于约 0.9L 水中,再根据所要求的 pH(在 25℃下)加一定量浓盐酸(11.6mol/L),用水调整终体积至 1L。

浓盐酸的体积(ml)	pH	浓盐酸的体积(ml)	pH
8.6	9.0	46	8.0
14	8.8	56	7.8
21	8.6	66	7.6
28.5	8.4	71.3	7.4
38	8.2	76	7.2

注意:一些 pH 电极不能精确测定 Tris 缓冲液的 pH。Tris 具有显著的温度效应,随着溶液温度从 25℃降到 5℃,则 pH 平均每度增加 0.03 单位。反过来随着温度从 25℃上升到 37℃,则 pH 平均每度减少 0.025 单位。

四、电泳缓冲液、染料和凝胶加样液

50×Tris-乙酸(TAE)缓冲液

成分及终浓度	配制 1L 溶液各成分的用量
2mol/L Tris 碱	242g
1mol/L 乙酸	57.1ml 冰醋酸(17.4mol/L)
100mmol/L EDTA	200ml 0.5mol/L EDTA(pH8.0)
去离子水	补足 1L

该缓冲液不具有 TBE 缓冲液的缓冲容量

5×Tris · 硼酸(TBE)缓冲液

成分及终浓度	配制 1L 溶液各成分的用量
445mmol/L Tris 碱	54g
445mmol/L 硼酸盐	27.5g 硼酸
10mmol/L EDTA	20ml 0.5mol/L EDTA(pH8.0)
去离子水	补足水 1L

Tris·硼酸(TBE)缓冲液可以配制成5×或者10×的贮液,但10×的贮液在贮存过程中会发生沉淀。1×Tris·硼酸(TBE)缓冲液(pH8.3)的成分浓度分别为89mmol/L Tris,89mmol/L 硼酸盐和2mmol/L EDTA。

1%溴酚蓝(bromophenolblue)

加1g水溶性钠型溴酚蓝于100ml水中,搅拌或涡旋混合直到完全溶解。该溶液一般不需灭菌。

1%二甲苯青 FF(xylene cyanole FF)

溶解1g二甲苯青FF于足量的水中,定容到100ml。该溶液无需灭菌。

10mg/ml 溴化乙锭(ethidium bromide)

为了避免溴化乙锭粉剂弥散,小心称取1g溴化乙锭,转移到广口瓶中,加100ml水,用磁力搅拌器搅拌,直到完全溶解。用铝箔包裹装液管,于4℃贮存。该试剂在分子生物学实验室经常使用,所以一次一般配制100ml贮液。溴化乙锭溶液不需灭菌。

凝胶上样液(gel-loading solutions)

在进行琼脂糖或聚丙烯酰胺凝胶分析时,加到DNA样品中的凝胶上样液可含有蔗糖、甘油或者聚蔗糖以增加样品密度的溶质。密度大的样品可均匀地沉至加样孔的底部。染料在凝胶上的位置指示着电泳的进程。在0.5×TBE缓冲液中,溴酚蓝移动的位置大约为线性双链DNA的300bp的电泳位置,而二甲苯青FF移动的位置大约为线性双链DNA的4kb的电泳位置。下面应用的染料指示剂的终浓度为0.15%~0.25%。一般凝胶上样液无需灭菌。一般用量为加2μl的6×上样液于10μl样品溶液中,或者加1μl的10×上样液于9μl样品溶液中。

6×碱性凝胶上样液

成分及终浓度	配制10ml溶液各成分用量
0.3mol/L 氢氧化钠	300μl 10mol/L 氢氧化钠
6mmol/L EDTA	120μl 0.5mol/L EDTA(pH8.0)
18%聚蔗糖(400型)	1.8g
0.15%溴甲酚绿	15mg
0.25%二甲苯青 FF	25mg
去离子水	补足水到10ml

注意:室温贮存。

6×聚蔗糖凝胶上样液

成分及终浓度	配制 10ml 溶液各成分用量
0.15%溴酚蓝	1.5ml 1%溴酚蓝
0.15%二甲苯青 FF	1.5ml 1%二甲苯青 FF
5mmol/L EDTA	100μl 0.5mol/L EDTA(pH8.0)
15%聚蔗糖(400 型)	1.5g
去离子水	补足水到 10ml

注意:室温贮存。

6×溴酚蓝/二甲苯青/聚蔗糖凝胶上样液

成分及终浓度	配制 10ml 溶液各成分用量
0.25%溴酚蓝	2.5ml 1%溴酚蓝
0.25%二甲苯青 FF	2.5ml 1%二甲苯青 FF
15%聚蔗糖(400 型)	1.5g
去离子水	补足水到 10ml

注意:室温贮存。

6×甘油凝胶上样液

成分及终浓度	配制 10ml 溶液各成分用量
0.15%溴酚蓝	1.5ml 1%溴酚蓝
0.15%二甲苯青 FF	1.5ml 1%二甲苯青 FF
5mmol/L EDTA	100μl 0.5mol/L EDTA(pH8.0)
30%甘油	3ml
去离子水	3.9ml

注意;于 4℃贮存。

6×蔗糖凝胶上样液

成分及终浓度	配制 10ml 溶液各成分用量
0.15%溴酚蓝	1.5ml 1%溴酚蓝
0.15%二甲苯青 FF	1.5ml 1%二甲苯青 FF
5mmol/L EDTA	100μl 0.5mol/L EDTA(pH8.0)
40%蔗糖	4g
去离子水	补足水到 10ml

注意:于室温贮存。

10×十二烷基硫酸钠/甘油凝胶上样液

成分及终浓度	配制 10ml 溶液各成分用量
200mmol/L EDTA	4ml 0.5mol/L EDTA(pH8.0)
0.1%十二烷基硫酸钠(SDS)	100μl 10% SDS
50%甘油	5ml
0.2%溴酚蓝	20mg
0.2%二甲苯青 FF	20mg
去离子水	补足水到 10ml

注意：于室温贮存。

附录 3　常用培养基和抗生素的配制

一、一般要求

配制培养基时体积一般为 1L。液体培养基在分装入用于培养的三角瓶(三角瓶体积最好为液体培养基体积的 5 倍,使培养细胞具有充足的生长空间)或者分装成比较方便的小瓶后再进行高压灭菌。在操作刚高压灭过菌的液体培养基时应十分小心,应戴上隔热手套,不要涡旋热的溶液,因为涡旋会使过热的培养基冒出容器。

1. 培养基的配制

一般将培养基的成分加入 0.9L 水中,在三角瓶中摇动(至少应是 2L 的三角瓶),或者是用磁力搅拌器搅拌直到溶解为止(琼脂在高压灭菌前不需要完全溶解)。调整溶液的 pH 后,用水补足终体积为 1L。用铝箔纸或者合适的盖子盖上三角瓶后(但不要盖紧)高压灭菌。

2. 培养基平板的准备

戴上隔热手套,将按上述方法配制并高压灭过菌的培养基溶液小心地摇动以充分混合,在设置 55℃的水浴锅中保温约 30min 后,将培养基溶液倒入培养皿。直径 9cm 的培养皿约倒 20ml,直径 15cm 的培养皿约倒 100ml。在室温下使培养基凝固后,倒置在 4℃保存。另一个较为方便的方法是在三角瓶中配制培养基,凝固后室温贮存。用时在微波炉中加热融化,再倒入平板。

3. 上层琼脂培养基的准备

同培养基的配制,只是如果可能的话,在灭菌和添加琼脂之前,将培养基分成 100ml 的小份于可高压灭菌的瓶中,加入适量的琼脂粉(用于细菌培养的上层琼脂培养基,每 100ml 培养基加 0.7g 琼脂粉)后高压灭菌,在室温下凝固。使用前小心地在微波炉或者煮沸的水浴中融化上层琼脂培养基。在加热前一定记住松开瓶口盖子。过热的培养基或者涡旋热的溶液容易起泡甚至喷出瓶外。在 45～48℃保温约 30min 后倒平板。

二、常用培养基

LB 培养基

将下列组分溶解在 0.9L 水中：蛋白胨 10g，酵母提取物 5g，氯化钠 10g，如果需要用 1mol/L NaOH 溶液调整 pH 至 7.0，再补足水至 1L。注意：琼脂平板需添加琼脂粉 12g/L，上层琼脂平板添加琼脂粉 7g/L。

SOB 培养基

将下列组分溶解在 0.9L 水中：

蛋白胨	20g
酵母提取物	5g
氯化钠	0.5g
1mol/L 氯化钾	2.5ml

用水补足体积到 1L。分成 100ml 的小份，高压灭菌。培养基冷却到室温后，再在每 100ml 的小份中加 1ml 灭过菌的 1mol/L 氯化镁溶液。

SOC 培养基

配制 SOC 培养基与配制 SOB 培养基的成分、方法相同，只是在培养基冷却到室温后，除了在每 100ml 的小份中加 1ml 灭过菌的 1mol/L 氯化镁溶液外，再加 2ml 灭菌的 1mol/L 葡萄糖(18g 葡萄糖溶于足够的水中，再用水补足到 100ml。用 0.22μm 的滤膜过滤除菌)。

TB 培养基

将下列组分在 0.9L 水中混合：

蛋白胨	12g
酵母提取物	24g
甘油	4ml

各组分溶解后高压灭菌。冷却到 60℃，再加 100ml 灭菌的 170mmol/L KH_2PO_4/0.72mol/L K_2HPO_4 溶液(2.31g 的 KH_2PO_4 和 12.54g 的 K_2HPO_4 溶在足够水中，使终体积为 100ml，高压灭菌或用 0.22μm 的滤膜过滤除菌。

YPD 培养基

将下列试剂加到 0.9L 水中混合：

蛋白胨	20g
酵母提取物	10g
葡萄糖	20g

用水补足体积为 1L 后，高压灭菌。建议在高压灭菌之前，对色氨酸营养缺陷型每升培养基添加 1.6g 色氨酸，因为 YPD 培养基是色氨酸限制型培养基。为了配制平板，需要在高压灭菌前加入 20g 琼脂粉。

PAD 培养基

将下列试剂加到 0.9L 水中混合：

可溶性淀粉	200g
蔗糖或葡萄糖	15g

pH 调至 7.0～7.2，用水补足至 1L，高压灭菌。

三、常用抗生素

尽可能购买水溶性盐型的抗生素（钠盐、盐酸盐或硫盐），所有贮液可用灭菌水或无水乙醇配制。受化学试剂性质的限制，不需要再灭菌。小量的乙醇加到培养基或平板中不会产生不良后果。

100mg/ml 氨苄青霉素（ampicillin）

溶解 1g 氨苄青霉素钠盐于足量的水中，最后定容至 10ml。分装成小份于－20℃贮存。氨苄青霉素是青霉素的衍生物，只对正在生长的细胞具有杀菌作用，它阻碍肽聚糖的交联导致细胞壁合成受阻。有 bla 基因编码的 β-内酰胺酶通过剪接氨苄青霉素的 β-内酰胺环而产生抗性。氨苄青霉素常以 25～50μg/ml 的终浓度添加于生长培养基。

50mg/ml 羧苄青霉素（carbenicillin）

将 0.5g 羧苄青霉素二钠溶于足量的水中，定容至终体积 10ml。分装成小份于－20℃贮存。像氨苄青霉素一样，羧苄青霉素也是青霉素的衍生物，常以 25～50μg/ml 的终浓度添加于生长培养基。

10mg/ml 卡那霉素（kanamycin）

溶解 100mg 卡那霉素一硫盐于足量的水中，定容至终体积为 10ml。分装成小份于－20℃贮存。卡那霉素抑制细菌是因为它阻遏 70S 核糖体亚基在蛋白质合成中的转位。氨基糖苷修饰酶可以对卡那霉素进行修饰，阻遏它的抑制活性而产生抗性。卡那霉素常以 10～50μg/ml 的终浓度添加于生长培养基。

25mg/ml 氯霉素（chloramphenicol）

溶解 250mg 氯霉素于足量的无水乙醇中，定容至终体积 10ml。分装成小份于－20℃贮存。氯霉素抑制细菌是阻遏蛋白质的合成。有 cam 基因编码的氯霉素转乙酰酶通过氯霉素的乙酰化，阻止它的抑制活性而产生抗性。氯霉素常以 12.5～25μg/ml 的终浓度添加于生长培养基。为了完全抑制寄主蛋白质的合成，使用的最高浓度为 170μg/ml。

50mg/ml 链霉素（streptomycin）

溶解 0.5g 链霉素硫酸盐于足量的无水乙醇中，定容至终体积为 10ml。分装成小份于－20℃贮存。链霉素抑制细菌是作用于 30S 的核糖体亚基的 S12 蛋白，抑制蛋白质的合成。编码 S12 蛋白基因（rpsL）的突变体阻遏链霉素的结合而产生抗性。氨基糖苷磷酸转移酶也能使其发生失活。链霉素常以 10～50μg/ml 的终浓度添加于生长培养基。

参 考 文 献

[1] 李德葆，周雪平，许建平，何祖华. 基因工程操作技术. 上海：上海科学技术出版社，1996.

[2] 周雪平，樊龙江，舒庆尧. 破译生命密码——基因工程. 杭州：浙江大学出版社，2002.

[3] 刘进元. 分子生物学实验指导. 北京：清华大学出版社，2002.

[4] [美]F. 奥斯伯，R. 布伦特，R. E. 金斯顿，D. D. 穆尔，J. G. 塞德曼，J. A. 史密斯，K. 斯特拉尔. 精编分子生物学实验指南. 颜子颖，王海林译. 北京：科学出版社，2001.

[5] 阎隆飞，张玉麟. 分子生物学. 北京：中国农业大学出版社，2001.

[6] [美]J. 萨姆布鲁克，D. W. 拉塞尔. 分子克隆实验指南. 黄培堂等译. 北京：科学出版社，2002.